U0167462

中国城市规划设计研究院重大项目成果

中国工程院重大咨询项目

村镇规划建设与管理

Rural Planning, Construction and Management

（下卷）

《村镇规划建设与管理》项目组　著

中国建筑工业出版社

图书在版编目（CIP）数据

村镇规划建设与管理=Rural Planning,
Construction and Management. 下卷/《村镇规划建设
与管理》项目组著. —北京：中国建筑工业出版社，
2019.1

ISBN 978-7-112-22970-3

Ⅰ.①村… Ⅱ.①村… Ⅲ.①乡村规划－研究－中国
Ⅳ.①TU982.29

中国版本图书馆CIP数据核字（2018）第264473号

本卷包括《村镇规划建设与管理》的课题四和课题五的研究报告。课题四为《村镇环境基础设施建设研究》，由中国环境科学研究院承担；课题五为《村镇文化、特色风貌与绿色建筑研究》，由中国建筑设计院有限公司承担。

本书适合于村镇规划建设与管理政策制定者及相关从业人员参考使用。

责任编辑：李春敏　张　磊
书籍设计：锋尚设计
责任校对：赵　颖

村镇规划建设与管理（下卷）
Rural Planning, Construction and Management
《村镇规划建设与管理》项目组　著
*
中国建筑工业出版社出版、发行（北京海淀三里河路9号）
各地新华书店、建筑书店经销
北京锋尚制版有限公司制版
天津图文方嘉印刷有限公司印刷
*
开本：787毫米×1092毫米　1/16　印张：15¾　字数：242千字
2020年12月第一版　2020年12月第一次印刷
定价：**178.00元**
ISBN 978-7-112-22970-3
　　（33060）

版权所有　翻印必究
如有印装质量问题，可寄本社图书出版中心退换
（邮政编码100037）

总目录

课题四　村镇环境基础设施建设研究

课题五　村镇文化、特色风貌与绿色建筑研究

课题四
村镇环境基础设施建设研究

项目委托单位：中国工程院

项目承担单位：中国环境科学研究院

课题主要参加人：

金鉴明　中国工程院院士

席北斗　研究员

夏训峰　研究员

香　宝　研究员

王丽君　工程师

高生旺　助理工程师

朱建超　工程师

梁兰兰　硕士研究生

刘　阳　硕士研究生

程　成　硕士研究生

一 研究内容、目标及研究思路

（一）研究内容和目标

1 研究内容

（1）村镇主要环境问题诊断与分析

系统识别我国不同区域村镇的生活污染特征和生态环境压力，根据自然条件、经济发展、人口集聚、资源环境等因素，分析我国村镇主要存在的复杂环境问题与承载力，基于对村镇环境关键要素及我国村镇生活生产、资源利用与污染过程的分析，阐明其对环境质量的影响机制，并选择我国3~4类典型村镇进行调研，全面分析各区域的村镇环境综合整治项目进展，系统诊断和评估其区域环境问题，总结村镇环境综合整治类型特征和村镇环境保护需求。

（2）村镇环境综合整治模式研究

针对各区域村镇地理特征、社会经济发展、生态承载能力和面临的环境压力、环境状况、污染程度以及环境保护的能力建设等情况，基于不同村镇环境问题诊断、识别、评估技术，研究村镇环境综合整治技术（饮用水源地保护，生活污水集中处理、生活垃圾无害化处理、固体废物安全处置）模式与不同自然条件、经济水平、污染特点控制区域的适配性。借鉴相关研究取得的成果，以技术可行、经济合理、运行管理简单、生态适宜为原则，系统分析各区域环境综合整治技术优缺点及应用的支撑条件；构建适合不同类型区域特征的村镇环境综合整治"低投资、低建设、低运行费、易管护"的三低一易型技术模式，优化村镇环境基础设施选配方案。

（3）村镇环境保护与基础设施建设效能优化及管理模式研究

针对我国目前村镇环境保护的外部性问题和城乡二元经济结构，从社会经济持续发展、人民群众生活不断改善的目的出发，兼顾区域发展和社会公平，从城乡统筹的角度提出村镇生态环境建设的投入机制、长效运行机制及村镇生态环境基础设施的管理模式。

2　研究目标

系统识别我国不同区域村镇的生活污染特征和生态环境压力，根据自然条件、经济发展、人口集聚、资源环境等因素，阐明不同区域村镇的区域环境特征，统筹该区域农村经济的可接受性和生态承载力，构建典型地区村镇环境综合整治模式，形成村镇环境保护与基础设施建设政策与建议。

（二）研究思路

课题以"提出问题—实地调研—专家咨询—形成报告"为总体技术路线，具体如下：

（1）梳理我国村镇环境基础设施建设过程中存在的问题，通过专家咨询提供解决问题的预案思路；

（2）开展实地调研，探究问题症结；探索不同类型村镇的环境基础设施建设模式，形成村镇主要生态环境问题诊断与分析报告；

（3）提出村镇环境保护与基础设施建设政策与建议等。

具体研究思路如下：

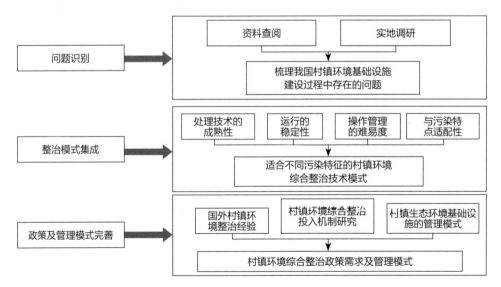

图4-1-1　研究思路图

二 村镇环境问题诊断与分析

（一）村镇环境问题及成因

1 村镇环境的内涵

村镇环境是由农村社会环境、自然环境和农业生产环境共同组成的，是对农村的生态、环境、社会等各方面的综合反映。它包含了村镇周边的大气、水、土地、矿藏、森林、草原、野生动植物、水生生物、名胜古迹、风景游览区、温泉、疗养区、自然保护区和生活居住区等自然资源与人文资源。显而易见的是，这些资源对于当地居民的生存繁衍和地区的发展是至关重要的，保护好村镇环境，保护好这些资源，就是对当地居民的最好保障。

在本次研究中，村镇环境指的是村镇周围的自然环境，村镇环境问题是指村镇生活污水及固体废弃物等造成的环境污染。

建设宜居村镇是落实党中央、国务院有关美丽中国决策部署的重要举措，是全面建成小康社会的客观需要，是提升社会主义新农村建设水平的必然要求。

2013年底的中央农村工作会议上提出"中国要美，农村必须美"；建设宜居村镇是落实党中央、国务院有关美丽中国决策部署的重要举措，是全面建成小康社会的客观需要，是提升社会主义新农村建设水平的必然要求，是工作落实的载体，是当前乃至未来5年的重要抓手，属于重中之重。

2 村镇环境存在的问题

目前我国村镇人居环境形势非常严峻，表现为点源污染与面源污染共存，生活污染和工业污染叠加，各种新旧污染相互交织；工业及城市污染向农村转移，危及农村饮水安全和农产品安全；村镇环境保护的政策、法规、标准体系不健全；一些村镇环境问题已经成为危害居民身体健康和财产安全的重要因素，制约了村镇经济及社会的可持续发展。村镇人居环境建设存在着突出问题：一是部分乡村规划尚未完成，一些乡村存在着不按规划、无序建设现象；二是城镇化水平不高，城乡二元结构突出；三是村镇垃圾随意堆放、倾倒现象严重，村镇生活污水和畜禽养殖污染严重，乡村村容村貌脏、乱、差。

要解决问题首先要识别问题，理清村镇"病"，探明村镇"病理"，针对"病灶"研发成套共性技术，开展村镇病的"临床试验"。

（1）村镇环境基础设施缺失

根据课题组对山东邹平、河北宣化等地调研发现，仅部分镇区生活污水和垃圾得到处理，大部分行政村及自然村的生活污水是不加处理地随意排放，生活垃圾则是随处丢弃；严重制约了农村地区人居环境的改善。

根据《2015年城乡建设统计公报》数据显示，2015年全国城市污水处理率已达到91.90%，但行政村的污水处理率只有11.4%。县城的污水处理率85.22%，但建制镇的污水处理率不到30%。而从处理率上看，城市污水处理率在2000年前后提高速度最快，到了2008年之后，就进入了平稳增长的时期。相比于县城污水处理率从2010年的60.12%提高到2015年的85.22%，目前我国建制镇和农村的污水处理率增长非常缓慢，村镇污水处理需要得到重视。

建制镇污水处理率地区差异十分明显，上海、江苏、浙江等省市的小城镇污水治理水平较高，中西部地区治理水平落后；村庄污水的处理情况是：上海、江苏、浙江、北京等省市的农村生活污水处理情况比较好，而黑龙江、甘肃、青海等省的农村生活污水处理情况较差。

总的来讲，我国村镇污水分散、量大，现在处理率有所提高，但整体速度还比较缓慢，应该说是处在农村污水处理的初期阶段。《国家新型城镇化规划（2014—2020）》提出：到2020年，全国重点镇污水处理率达70%左右。2004年，原建设部会同发改委等部门命名了1887个全国重点镇。

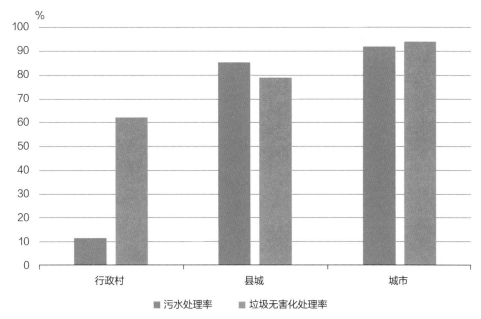

图4-2-1　2015年我国城市、县城和行政村的垃圾和污水处理情况

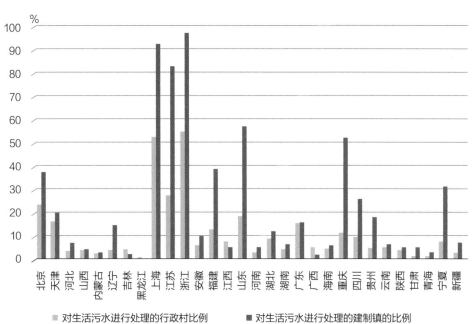

图4-2-2　2014年各省（自治区、直辖市）村镇污水的处理情况

1887个全国重点镇平均处理率为60%左右，其中北京、天津、上海、江苏、山东的重点镇全部具备污水处理能力，但新疆、青海、吉林、山西等具备污水处理能力的重点镇比例不足15%。

（2）生活垃圾收集率低，二次污染严重

目前，村镇所采用的分散式就地消纳处理方式已经不能适应形势发展的需要，随着城镇的消纳能力不断降低，未经无害化处理的生活垃圾转移到农村，导致农村生态环境遭遇到前所未有的威胁，并在一定程度上制约着这一地区经济的可持续发展。

原建设部的《村庄人居环境现状与问题》调查报告对我国具有代表性的9个省43个县74个村庄的入村入户调查后表明：89%的村庄将垃圾堆放在房前屋后、坑边路旁甚至水源地、泄洪道、村内外池塘，无人负责垃圾收集与处理。

此外，曾建萍在对成都万兴乡垃圾收集现状的调查中发现：大部分住房离垃圾桶距离超过100米的居民未将垃圾收集投放垃圾桶，而仍旧按照传统方式堆放在屋前屋后的空地。此外万兴乡虽然设置了"三化"分类收集点，但三化分类工作基本处于瘫痪状态，分类收集点未布设垃圾分类桶，降解点空置或堆放混合垃圾。

由此可见大部分农村地区未能对垃圾进行有效处理，仅仅是随意堆放在周围的空地，比如村口、田边、河滩、沟渠甚至水源地周围。这些垃圾经过长时间的堆积，不同的垃圾之间会进行化学反应，加上微生物的分解作用，会产生甲烷、二氧化碳等气体，统称"填埋场气体"。产生的气体气味难闻，给人生活带来不便，而且产生的部分气体有毒，会影响周边居民的健康甚至威胁到居民的生命。

此外，农村垃圾堆积成堆，其渗滤液进入地下水，会污染水源。村民饮用这样的地下水自然会危害健康。丢弃在田里的农用垃圾、残留农药等也会随着降雨而渗入土层，影响土壤质量。此外，胡久生指出农用地膜的残留降低了耕地的渗透性，减少了土壤的含水量，影响了耕地的抗旱能力。

（3）工艺技术选用混乱，处理效果良莠不齐

村镇生活污水污染面广、难收集、成分复杂、悬浮物浓度较高、有机物浓度较低、污水中含有较高的人畜粪尿成分，氮、磷特别是磷含量较高，故处理时不仅要消减有机物还要进行脱氮除磷。现行的城市污水处理技术虽然可行，但投资高，运行费用大，管理要求高，因而在农村难以推广使用。

化粪池、沼气池、人工湿地、土地渗滤技术、稳定塘、生物接触氧化池、脱氮除磷活性污泥法、膜生物反应器等技术均能在我国村镇地区找到，现有的这些村镇生活污水处理技术与相应地区的水环境质量标准难以衔接；目前农村地区土地分到户，公共用地很少，特别是经济发达地区土地利用率很高，没有剩余的土地资源进行污水无动力处理；而污水处理设施的占地面积大小会直接影响着污水处理技术投资费用。同时，由于区域经济差异的原因，一些处理高成本的经济技术适用性的范围较小，如在经济发达、敏感地区或是有回用水质要求的地区，也许膜技术可以应用，但对于大多数农村而言目前尚不适用。

（4）生态环境破坏严重

我国城市污染向农村加速蔓延、农业面源污染严重，农业生态系统的生物多样性减少，水土流失及农村水环境恶化趋势总体加剧，土壤环境恶化等生态环境问题突出，并有持续恶化的趋势，严重影响我国生态环境质量、粮食安全及社会经济的全面协调发展，危及农村生态环境与人体健康。

当前，我国生态环境已进入大范围生态退化和复合性环境污染的新阶段。与20世纪80年代相比，我国生态与环境问题无论在类型、规模、结构、性质以及影响程度上都发生了深刻变化。目前我国仅1/3左右的国土生态环境质量优良，而1/3的国土生态环境处于差或较差水平；区域、流域生态破坏在加剧，新的生态问题不断涌现，原生生态环境在加速衰退，系统性生态环境问题更加突出，显性的生态问题向隐性的生态问题转变。从总体上看，生态系统呈现由结构性破坏向功能性紊乱演变的发展态势，局部地区生态退化的现象有所缓和，但生态退化的实质没有改变，生态退化的趋势在加剧，生态系统更不稳定，生态服务功能持续下降，生态灾害在加重，生态问题更加复杂化。

（5）农业固体废弃物资源化利用不足

普遍说来，中国农村的固体废弃物存在着随意丢弃、随意焚烧的情况，基本上没有无害化处理。在农村，按传统的观念，主要是靠"垃圾堆"这种方式收集和堆放垃圾，然后再通过焚烧等方式解决。据调查，农村的生物质能源主要是秸秆、薪材和煤等。农村农作物秸秆类型较多，随着农作物单产提高，秸秆总量迅速增加，而直接作为生活燃料和饲料的比例大幅度减少，多数地区秸秆焚烧现象严重。不仅产生大量的二氧化碳，而且带来大量烟尘，污染环境。

经济发展水平很大程度上决定了农村固体废弃物的处理情况，在经济相对发达的地区，如深圳、上海、浙江及苏南的农村地区，垃圾处理状况要比其他农村地区乐观一些，很多地方都设置了固定垃圾池，有些地方还实行了上门收垃圾。但实践表明，由于受到资金筹集、技术设备等方面的因素制约，固体废弃物污染仍然比较严重。在经济发展相对落后的地区，其农村固体废弃物一般不经处理而直接乱堆乱放，破坏了村容、侵占了土地、污染了河流及地下水，对农村环境造成了严重的影响，必须采取措施加以解决。

（6）运行管理不善，处理效果差

课题组对昆山市巴城镇绰墩山村调研发现，绰墩山村污水处理采用管道收集，由村庄的小型污水处理设备集中处理，但是由于运行管理不善，导致长期使用停滞。

由于目前我国农村污水处理站主要由村民自己管理，人员专业素质低，管理体制不健全，运行管理经验不足，管理人员缺乏，平均每个乡镇从事村镇建设管理的人员不足3人，60%的乡镇仅一名村镇建设管理员，专职从事村镇污水管理的人员匮乏，从业技术人员收入低，工作条件差，技术人员紧缺，人员培训滞后。有些地区污水处理设施由于缺乏管理或者管理不善，造成设施不能正常运行，严重影响了处理效果。

水质检测手段和人员缺乏。以浙江省为例，至2008年底，全省乡镇环境保护机构只有173个，实有人数仅854人，大部分乡镇尚无环保机构和专业环保人员，乡镇、村一级从事环保工作的人员多数没有经过专业培训。

3 村镇环境问题成因分析

导致村镇环境问题形成的原因多种多样，需要从经济、技术、社会等多个方面综合分析。

（1）缺乏基于生态承载力的村镇环境规划方法和建设模式。新型城镇化背景下的村镇生态承载力不清；基于生态承载力的环境健康、美丽宜居村镇评价指标不明；村镇建设的规模、速度、发展布局和产业结构不合理；缺乏水、大气、土壤、生态多要素宜居村镇环境质量总体提升的规划技术方法，缺乏不同类型、不同特点、不同发展水平的人居环境安全和健康的村镇建设模式。

（2）技术标准缺位。现行的环保法规主要针对城市和重点污染源防治，对农村污染及其特点重视不够，加之农村环境治理体系发展滞后于农业现代化进程，环境立法缺位，解决农村环境问题力量薄弱且适用性不强。这主要表现在乡镇一级缺少专业的环境保护管理人员；农村地域广、污染点多且分散，造成不好确定责任人，执法困难；无环境功能分区、定位，难以确定排放标准类别。虽然我国在村镇环境保护标准方面做了大量的工作，但与现实需求相比，还存在诸多问题，再加上现存指南标准本身条文不够具体细致，技术适宜性不强，更加大了操作难度。

（3）技术薄弱。环境基础设施建设欠账较多，治理技术模式不适，农村污染治理效率不高。小城镇生活垃圾和污水污染加剧。多数村镇建在河溪旁，没有建立完整的排放系统；农村产生的生活垃圾相当部分未经处置，一些地方呈现垃圾"围村、塞河、堵门"之势；而农村生活污水大多直排到河湖里。目前我国农业基本还是采用粗放型生产经营方式，先进的技术手段并未得到普及。部分乡镇企业、集约化养殖业等尚处于初级发展阶段，对产品生产过程中产生的废物无能力进行合理利用和处理，从而对环境造成了一定程度的污染和资源浪费，亟需统筹多要素，因地制宜，开展村镇环境共性技术及综合示范研究，提升村镇环境综合整治水平。

（4）投入不足。财政渠道的资金来源不够，扶持措施不力，导致农村污染治理的市场化机制难以建立。例如，农村供水排水设施建设与运营缺乏可靠的资金来源是阻碍农村水污染治理的一大难题。现实表明：农村供水排水工程在管道建设方面的资金投入需求很大。即便污水处理工艺再简单、操作管理再方便的污水站，也需要动力消耗（无动力工艺除外），需要一定的运行管理维护费用和定期大修资金。

（5）管理体制不完善。农村环境污染治理资金仍分散于环保、农业、畜牧、林业、国土、水利、建设等多个职能部门，尚未形成党委政府领导、环保和农业部门统一监管、各部门分工负责的有效管理体系。加之我国现已建成的农村污水处理站主要由村民管理，专业素质低，缺乏必要的维护管理技术人员及运行管理经验，致使许多污水处理站因不能正常使用而废弃。

（6）统筹考虑城乡环境问题，农村环境问题的解决，不能就农村而论农村，需要统筹考虑城乡环境保护，城市反哺农村。一方面通过吸收城市环境保护的先进技术，另一方面更需要进行农村环境污染控制技术的保障机制创新，并针对不同区域突出问题开展综合技术集成示范。

（7）环保宣传力度不够，村民环保意识差：环境保护意识能否深入人心并真正落实到村民自身的行动中，除了受教育水平的影响外，各方媒体的宣传也是至关重要的。由于许多农村的生产力水平还不高，衣、食、住、行、上学、就医等问题还未得到较好解决，环保方面的宣传更是跟不上，环境意识和公众参与机制尚未形成。因此尽快加强环保宣传教育显得尤为重要。

（8）研究队伍和平台缺失。目前，由于我国村镇环境保护资金投入不足和技术薄弱等导致城镇环境保护技术推广平台不够完善。经过多年的城镇环保工作积淀，我国已经初步构建了城镇环境保护技术体系雏形，但尚未形成城镇生活污染控制与生态建设技术评价及推广信息平台和专家系统，尤其是可操作性城镇环境保护技术推广配套政策方面十分薄弱，制约了许多城镇污染防治技术大范围的推广和应用。急需研究多元推广主体的有效协调、合作与组织运行机制，建立推广服务工作的渠道和组织运作平台。研究建立可移植的集试验、示范、政策和管理为一体的城镇生活污染控制与生态建设技术推广平台，建立技术、资金、政策保障机制以及监督管理体系。

中国村镇环境污染原因汇总　　　　　　　　　　表4-2-1

原因类型	原因性质	形成农村环境问题的原因	问题形成机理
直接原因	种植业污染	化肥污染	使用量增加+化肥品质、品位比重小+化肥流失、氮磷排放
		农药污染	农药量增加+农药残留+危害生物多样性
		农膜污染	使用量增加+难以降解+农膜残留量大
		农业固体废弃物污染	产生量巨大+未充分利用

原因类型	原因性质	形成农村环境问题的原因	问题形成机理
直接原因	畜禽养殖业污染	畜禽粪便产生量巨大，土地负荷过大	畜禽粪便产生量巨大+污染物流失严重+土地负荷警戒值增高
	小城镇和农村聚居点生活污染	垃圾的随意堆放	生活垃圾增多+环卫设施落后+环保意识淡薄+缺乏相应管理
		固体废弃物的再利用方式逐步弱化	固体废弃物利用率低，垃圾随意堆放
	农村周边工业企业的污染	乡镇企业布局分散，工艺落后，多数没有污染治理设施	乡镇企业多而散，技术落后，粗放式经营
		城市工业污染"上山下乡"现象加剧	城市工业污染向农村转移，农业工业化以牺牲环境为代价
间接原因	历史性因素	传统生活习惯影响，农民环保意识淡薄	农民不注重生活习惯对农村环境的影响
		政府对农村环境保护工作重视不够	政府长期关注经济发展，弱化了对农村环境的重视程度
		农村资源和能源结构长期不合理	传统生产方式+自然消耗加剧+生物质能源多被遗弃
	基础性缺失	农村环保投入不足，基础设施比较落后	政府提供环保设施的服务能力薄弱，农村环卫设施建设总体处于空白状态
		基层环保机构缺失，管理体系不完善	基层环保机构不健全，村（街道）、社区环保办事机构空白环境立法缺位，现有法律的针对性、可操作性不强
		资金、人力不足，环保宣传教育不够	基层环保宣传缺乏，农民知识水平较低，环保意识较为薄弱
制度性原因	土地现行制度	农村土地产权不明确	土地产权主体认识模糊，集体组织对土地环境保护职责缺失
		土地经营不够稳定	经营权不稳，农户未能达到预期收益，短期压榨土地资源行为普遍
		土地零碎化管理	土地使用权缺乏流动性，制约农业规模经营，农民经营成本高，收益低
		共有资源得不到保护	农村公共物品未得到有效界定，共有资源掠夺式使用严重
	乡镇企业管理	乡镇企业缺乏统一管理，经营混乱	"部门掣肘"+地方性保护主义+很多企业未得到环保部门批准
	环境保护机构设置制度	环保机构的设置与现实要求不一致	环保机构规模小，不能直接行使强制执行程序，国家环保总局对地方环保局只有政策指导作用，不能很好地行使管理和监督职能
		基层环保机构整体素质与能力不适应新形势需要	执法人员素质不高，不熟悉环境法律规定且缺乏必要的行政执法素养和能力，执法不当或行政不作为，降低了地方环境执法的效率

原因类型	原因性质	形成农村环境问题的原因	问题形成机理
制度性原因	环境问题的管理制度	环境管理行政手段与当前环保要求不符	不能适应市场经济要求，人为因素影响大，行政主客体不对称
		环境管理部门的权责不对等影响环境治理的效果	权力清晰化与责任模糊化错位，高位职级命令化与低位职级服从化错位，权力占有与义务免赦型错位
根本原因		我国当前经济发展（阶段）转型以及城乡二元结构性失衡	

（二）村镇环境整治的基本思路

以建设生态环保、低碳节能、循环可持续发展的生态文明新农村为目标，坚持以人为本、城乡统筹、以环境保护优化农村经济增长，按照分区分类-生态环境总体规划-优化布局-推行循环经济-源头控制-综合整治生活污染、构建农村生态安全格局的思路，力争使农村环境质量全面改善，人与自然生态高度和谐，促进农村地区经济、社会、环境协调发展。

源头控制。强化农村环境保护与污染控制过程中清洁生产技术与资源循环利用技术及模式，重点是从污染源头入手，构建源头控制技术模式，实现源头削减，确保粮食与食品安全。

城乡联动。城市与农村环境协调发展，农民与市民共享文明，人与自然和谐共存。实现环保规划、资源配置、环保机构及环保基础设施建设等方面的城乡统筹。

综合防控。采取"以防为主，防治结合"的策略，重点突破饮用水安全、农业废弃物的资源化利用、农用化学品的污染防治、畜禽水产污染防治、村庄环境综合整治和农产品产地安全管理等领域。综合运用科技、宣传、制度等手段，由点及面，逐步推开，从严从快落实治理方案。

分类实施。采取"分区分类，针对实施"的策略，将我国地域空间划分为不同农村环境管理分区，根据每个分区中典型的农村环境问题，针对性地制定农村环境保护方案和实施办法，建立我国农村环境整治技术评价制度和农村环境整治技术推广体系，促进农村环境整治技术进步与成果转化。

创新机制。针对我国目前农村环境保护的外部性问题和城乡二元经济结构，将环保机构延伸到乡镇，县级负责农村环境整治的规划，乡镇负责项目建设、工作考核、技术推广等工作；从城乡统筹的角度建立农村环境建设的PPP投入机制、长效运行考核机制，解决农村环保设施运行成本问题，缩小农村和城市环境保护工作差距，完善农村环境保护法律法规、政策、标准体系，规范整治工程招投标制度。建立农村环境整治目标责任制，明确分管领导、责任单位和人，做到级级有指标、层层有任务。

三　我国村镇环境整治现状

（一）村镇生活污水处理技术现状

1　国外村镇生活污水处理经验及对我国的启示

　　我国在农村生活污水治理技术方面的探索已取得一定的成果。但目前的农村生活污水治理试点工程未能充分考虑推广的可能性和路径，存在着明显的项目导向特点，以及重工程轻管理、重技术轻机制、重建设轻运行等现象。在调研过程中发现一些村庄在不同程度上存在着以下问题：

　　（1）由于长期无人负责维护，污水处理效果已明显下降，甚至对周边环境造成了污染；如一些采用人工湿地技术进行生活污水处理的，由于未能及时修剪或更换植物，植物腐烂在水中造成污染；

　　（2）污水处理设施的运行情况无人监管；如有些村庄由于缺乏长期的资金来源，难以支付日常运行费用，导致处理设施平时基本不运行；

　　（3）生活污水治理效果无人监督，出水水质没有专业人员进行定期检测，难以对污水处理效果进行评价；如在苏南地区和上海调研的10个村庄中，只有1个村在长达一年多的试运行期间有专业人员长期驻扎，定期监测，运行中出水质量达到了设计标准。

　　另外，大多数村庄都采用集中生活污水处理系统，其管网费用占总费用的1/3以上。与集中处理模式相比，分散处理系统更节约管网费用和日常运行的动力费用（如电费）。对于我国大部分经济水平较低、布局分散、未铺设管网的农村来说，生活污水分散处理系统更具有推广的优势。

　　以下介绍的发达国家农村生活污水处理的成功经验和探索实践对我国今后推广农村生活污水治理有较强的借鉴意义。目前，主要发达国家的乡村污水治理组织和管理模式大致可以分为两类。

　　一类以欧美老牌发达国家为代表，由于其城市化的历史都将近百年以上，早在20世纪环境问题成为全球焦点之前，这些国家已经基本完成城乡一体化，目前超过95%的人口居住在5万～10万以上人口规模的城镇。这些国家农村与城市通常适用同一套污水治理的法律体系，只是在20世纪七八十年代后，出于对面源污染的重视，针对乡村地区或者分散型的污水提出一些修正的法案，开展分散污水治理的目的主要是为了保护环境，在实施过程中强调家庭或个人自主，国家通过一些项目和计划进行组织、管理和支持。

另一类是日本模式，由于其经济起飞是在20世纪五六十年代以后，在农村污水治理过程中，卫生健康问题、建设问题、环境问题同时存在。为了加速城乡一体化，规范和管理农村地区的卫生、建设与环境保护，日本建立了一套不同于城市的乡村污水治理的法律体系，并建立了一套政府主导、居民参与的实施体系。农村污水治理与城市污水治理相比，最大的不利之处在于两个方面的困难，一是保障设施建设，二是保障设施运行。这两个方面的保障又分别涉及资金与组织管理两个方面的问题，具体地说，就是设施建设资金筹集与建设水平保障、设施运行费用筹集与运行质量保障。上述两方面的保障困难由农村或者乡村污水的分散性所决定。大多数国家的大型集中污水治理的建设资金由市政当局提供，通过向居民收费来维持运行，少数国家主要从资本市场筹集，以向消费者提供服务的方式回收投资、维护运行并获取收益。对城市而言，后一种方式也被证明是非常有效的。但是乡村污水治理通过这两个途径筹资都不太容易。庭院自备型设施的建设和运行资金不仅依赖于家庭的支付能力，还受家庭支付意愿的限制，乡村管网型或者小区型设施的资金筹集也由乡村或者小区的公共财力和组织能力所决定。这三种类型污水治理的盈利模式和前景还不明确，也难以从资本市场获取资金。乡村污水治理设施的建设水平与运行质量，一方面受业主能力与意愿的影响，另一方面其分散性必然导致管理部门在监管上的困难。尽管发达国家乡村居民的资金能力与觉悟水平都比较高，但在治理乡村污水时同样面临这些困难。我国由于长期以来所形成的城乡二元化特征，必将使我国在乡村污水治理方面面临更大的挑战。

（1）美国乡村污水治理的机制

美国的乡村污水治理主要指1万人以下的分散污水治理。目前美国分散污水治理已经明确被作为一种永久性的设施建设，服务1/4的人口，具有与城市排水管网同样重要的地位。

美国在19世纪中叶就对农村污水处理问题给予了关注，开始建设农村污水处理设施。近年来，为了有效控制社区和农村水污染、保护环境和改善卫生条件，美国政府更是对简易且经济有效的分散型污水处理系统的应用进行积极的鼓励和引导。分散型污水处理系统在农村水污染控制方面发挥着越来越重要的作用。据统计，美国在城郊地区已经安装了约2500万套分散型污水处理系统，约有1/4的人口和1/3的新建社区在使用分散型污水处理设施，由分散型污水处理系统处理的污水量达到1.7×10^7立方米/日。对于分散型污水处理系统的应用，联邦政府没有任何强制性的法案命令或执行标准。美国国家环保局于2002年发布了《污水就地处理系统手册》，2005年发布了《分散式污水处理系统管理手册》，引导地方政府和群众在适当的地方安装分散型污水处理系统并配合管理、维护。目前，美国国家环保局与地方政府以及一些非政府组织紧密合作，以环保局出台的管理指南和应用手册为基础，加强和完善对分散处理系统的管理监督，从公众教育和参与及资金到位等方面实施多方位的管理。根据当地的环境敏感度，以及所用的分散处理系统的复杂性，管理模式应有选择地加以灵活利用，从而达到最好的管理效果。

20世纪，美国政府把对污水处理设施建设的投资集中在大型的集中式污水处理系统上，忽视了农村分散式的污水处理。调查显示，美国仅有32%的土地适合安装依赖于土壤的传统式分散处理系统，然而基于发展的压力，这类处理系统被安装在土壤条件不宜、土地坡度不适、离地表水太近或地下水位太高的地点，这些状况容易导致不利的水力条件和污染附近水源。而且，没有定期的检查和维护还造成固体物从化粪池溢流到吸收过滤场区以至堵塞整个系统。1995年的调查数据显示，至少10%的分散处理系统（约2.20×10^6个系统）已失去应有的功能，且这一比率在一些社区高达70%。不适当的设计、过时的技术和管理的不善，使得化粪池系统已经成为对地下水的第二大威胁。

1997年，美国国家环保局应国会的要求，对全国的分散型污水处理系统进行了详细的调研，全面分析了分散处理系统未能得到正确利用的5方面原因，即：缺乏对分散型污水处理系统的认识；缺乏必要的管理、维护、保养；不合理工程建设费用及责任额；立法和执法的局限；财政限制。但同时国家环保局明确地肯定：恰当管理下的分散处理系统可以成为一种保护公众健康和水质的长远且经济有效的途径。

针对上述问题，美国国家环保局于2002年以来发布了一系列关于分散式污水处理和管理的指导性文件，加强对农村污水的治理。由于联邦政府继续让州和地方政府保留对分散污水处理的立法权和执法权，因此环保局认为有必要为这些机构提供既灵活又可行的指导框架，以便出台有地方特色的管理办法和机制。由此，环保局提出了5种管理程度逐步增强的管理模式：一是户主自觉制（Homeowner Awareness Model），适用于适合传统分散式系统的低环境敏感度地区，由户主负责系统的维护和保养，相关部门会定期为户主寄去保养提示及注意事项；二是保养合约制（Maintenance Contract Model），它针对低渗透性土壤等低度到中度环境敏感地区，由具有资质的技工和户主签订保养合约，并对系统提供保养服务；三是操作准许制（Operating Permit Model），适用于水源保护区等中度环境敏感地区，对户主签发限期的操作准许证，在分散处理系统尚符合要求的条件下，操作准许证可续签；四是管理实体操作和保养制（Responsible Management Entity Operation and Maintenance Model），它针对特殊价值水资源保护区等高度环境敏感地区，把对系统操作的准许证签发给负责管理的实体，以保证系统得到及时的保养；五是管理实体所有权制（Responsible Management Entity Ownership Model），它针对极高环境敏感度地区，有管理实体拥有、操作并保养处理系统。这5种管理模式的管理程度随着处理系统的复杂性及其对周围环境的敏感性增加而增强。对于一个社区，能最恰当地控制潜在风险的管理模式是最适用的。管理模式的提出有助于通过利用合理的政策和行政程序来确定和统一立法机构，明确污水处理系统所有者、相关服务行业和管理实体的作用和责任，以保证分散处理系统在使用期内得到恰当管理。

美国治理农村污水的成功，得益于完整的分散型污水政策体系、多方位的运营体系和保障得力的资金支持体系，而这些经验对我国的农村污水治理具有一定的借鉴作用。

1）美国乡村污水治理的立法

美国并没有为乡村污水治理设立专门的法律与管理机构，管理分散污水与集中污水的体系是相同的，只是在后期出现的法律条款内增加了有关面源污染控制或者分散污水治理的有关规定。美国分散污水治理方式经历了户外厕所—污水坑—化粪池—分散式污水处理系统这样的技术演化过程。从1987年开始，美国将治理面源污染的内容写进《水质量方案》，要求各州为分散污水治理建立计划和项目资助。

2）美国乡村污水治理的组织与管理

美国是一个联邦制的国家，各个州有比较大的权力。在早期，联邦政府认为污水治理是各州政府的事务，但是事实表明州政府一是缺少足够的能力，二是存在地方思维，因此水污染治理工作进展缓慢，直到1965年颁布《水质法案》（Water Quality Act）才引发了污水治理局面的根本改变。美国重视乡村污水治理是在1987年国会通过了《水质法案》（Water Quality Act，WQA）之后，这一法案是在1965年法案基础上修订的，规定联邦政府要为支持污水处理工程建设提供更多的财政支持，鼓励及地方政府在国家环保局的协助下，根据地方具体条件和地貌状况试用各种不同的分散处理系统。

美国分散污水治理的组织结构中包括联邦、州和民族保留区的行政部门、当地政府的办事机构、特别目的区、公共责任主体以及民间责任主体等。管理责任主体（responsible management entities）是美国环保局为分散污水治理专门造出的一个词，是指对分散污水治理负有责任的各类政府机构、公用机构、民间营利和非营利组织、用户或业主。联邦、州、民族地区和地方政府在开发和执行污水处理系统管理项目上具有不同的分工，它们共同的职责是颁布和执行与污水处理系统相关的法律法规，提供资金和技术支持，监督行政部门和其他管理实体对分散污水处理系统的管理工作。在联邦层级，国家环保局的职责是通过执行《清洁水法案》(the Clean Water Act，CWA)、《安全饮用水法案》(the Safe Drinking Water Act，SDWA) 和《海岸带法修正案》(the Coastal Zone Act Reauthorization Amendments，CZARA) 来保护水质。在这些法案下，国家环保局设立并管理许多与分散式污水处理系统管理相关的计划和项目，包括水质标准计划 (Water Quality Standards Program)、最大日负荷总量计划 (the Total Maximum Daily Load Program)、非点源管理计划 (the Nonpoint Source Management Program)、国家污染排放削减系统计划 (the National Pollutant Discharge Elimination System Program) 和水资源保护计划 (the Source Water Protection Program) 等。

州和民族地区政府通过各种行政部门来管理分散式系统，通常是由州或民族地区公共卫生办公室负责制定规章，由地区或者当地的州办公室来执行管理。县级政府担负管理辖区内分散污水治理的职责。在其管辖范围内，可以制定分散式污水处理系统规定，或者可以对已有设施进行技术、资金和管理方面的资助。县可以通过正常的操作渠道提供这些服务，也可以成立一个特殊的部门为某一指定地区提供指定服务。

镇、市或者村政府有规划、批准、安装分散式污水设施和执行相关规定的责任。由于各州立法和组织机构的不同，管理能力、管辖范围和当地政府管理分散式污水系统权利也不尽相同，通常是根据当地政府的能力和管辖的环境来确定其最终的职责。

美国的州还可以根据需要设置特殊管理实体 (Special-purpose districts and public utilities)，负责实施某一区域 (社区、县甚至全州) 分散污水治理。一些从事分散性服务的公营机构如美国的乡村供电公司常常参与分散污水治理的营运工作，公用的身份让他们在从事这项工作时拥有某种优势。

民间非营利机构 (Private sector management entities) 是另一个确保分散式系统有效实施的组成部分。管理部门可以同具有资质的民间管理实体签订合同，委托他们完成分散系统规划、评估、技术咨询或培训等工作。民间非营利性质实体主要提供管理服务。这些实体通常由州公共事业委员会监管，以确保其能长期以合理价格提供服务，通过签订服务协议来保证私人组织的财务安全、保质保量的服务和对客户长期负责。项目管理的部门可以同具有资质的私人管理实体签订合同来完成草案制定等工作，比如位置评估、安装、监控、检测和维护等。私人营利性质的公司或者事业单位通过提供系统管理服务，帮助当地政府分担管理和财政的负担。这些实体通常由州公共事业委员会监管，以确保其能长期地以合理价格提供服务，通过签订服务协议来保证私人组织的财务安全、保质保量的服务和对客户长期负责。

3）美国政府对分散污水治理的财政支持

1987年以前，美国污水处理设施的建设费用大部分来自联邦拨款计划，该计划从1973开始至1990年结束，用于污水处理工程的资金超过600亿美元。从1987年开始实施的《水质法案》要求联邦政府用分配给各州的拨款建立水污染控制工程的周转基金，各州提供20%的匹配基金用于支持污水处理以及相关的环保项目。目前各州全都已经有了比较完善的州滚动基金计划。这些资金作为低息或者无息贷款提供给那些重要的污水处理以及相关的环保项目。贷款的偿还期一般不超过20年。所偿还的贷款以及利息再次进入滚动基金用于支持新的项目。根据有关分析，联邦政府向滚动基金每投入1美元，就可以从各州的投入和基金的收入里产生0.73美元的收益。截至2006年，资助污水处理项目的贷款累计额度已经超过570亿美元，仅2006年的贷款总额就达到57.7亿美元。贷款主要用于污水系统的建设，污水处理设施的建设资金占全部资金的96%，其他4%用于非点源污染治理项目。滚动基金计划的资金并不能完全满足农村和郊区的污水设施建设的需求，还要依靠其他的资金来源，包括国家环保局、农业部、房屋和城市发展部以及州政府的资助。例如马萨诸塞州建立的3个项目支持使用和管理分散型污水系统。首先是低于市场利率的贷款项目，低利率管理项目最高可以得到10万美元；其次是本地居民扣除3年4500美元的税收用于支付系统的维修费用；第三是全面社区分散系统管理项目提供资金用于保障社区、整个地区乃至水域范围内系统的长期安全。

美国国家环保局、农业部、房屋和城市发展部以及州政府也对分散污水治理提供多种形式的资金资助。例如马萨诸塞州出台三项财政政策，支持分散污水治理设施的建设与运行。首先是贴息贷款项目，社区污水治理设施最高可以获得10万美元建设贷款。其次是为本地居民减免3年共4500美元的税收用于支付分散污水系统的维修费用。第三个政策是通过社区污水系统综合管理计划（the Comprehensive Community Septic Management Program）提供资金支持分散污水系统的长期维护。

4）美国分散污水治理设施的运行模式

在美国，州和地方政府保留对分散处理系统的立法权和执法权。2003年，美国环保局为了指导各州和地方有效开展分散污水治理，发布了《分散处理系统管理指南》，在指南中对分散污水治理设施提出五种集中管理程度逐步加强的运行模式。

①业主自主模式

该管理模式适用于环境最不敏感的地区，由业主自主运行与维护自己的污水处理系统。此模式只适用于管理要求很低的简单处理系统。为了确保系统得到及时养护，执法部门须定期向业主寄送保养提示及其他注意事项。

②协议维护模式

这一模式通过让业主与专业维护人员签订协议，由专业人员定期提供系统维护服务。此模式适用于工艺较为复杂的分散污水处理系统。

③许可运行模式

这一模式是给业主签发有期限的运行许可证，期满后必须由管理机构检查系统的状况，合格后才能重新许可运行。这一模式适用于水环境敏感区域，通过定期的审查确保持续正常运转。

④集中运行模式

这一模式是将设施的运行与维护许可证授权给专门的服务机构，业主必须聘请有资格的机构为其提供污水处理设施的运行管理服务。该模式适用于环境敏感地区设施运行和维护要求高的情况。

⑤集中运营模式

这一模式是由专门机构拥有分散系统的所有权，并负责系统的运行与维护，与集中处理系统的管理机制相似。这一模式可有利于运行与维护的管理，适用于环境最敏感的地区。

5）美国分散污水管理中的经验

美国不存在类似中国的城乡差别，而且乡村居民通常都比较富裕，总的来说，乡村污水治理的水平比较高，经过长期的努力和实践，美国已经形成相对完善的分散式污水管理制度和财政支持制度，各管理实体间也形成了良好的协作关系。在多方面的共同努力下，充分发挥出分散式污水处理系统的作用和优势。目前，美国分散污水治理设施服务全国约1/4的人口，有超过1/3的新建社区采用分散污水治理的方式。美国现行的分散污水治理机制是在多年摸索中逐步形成的，并且与美国的行政体制密切相关，已经发现的问题主要有几个方面：政府投入和参与组织的力度有限；居民自主投入的积极性和有效性难以得到保证；行政体系比较复杂，实施的效率不高；各州重视的程度不一样。

第一，美国分散污水治理在初期过度地依赖传统的土地处理系统，事实证明，很多土地并不适合用来建设污水土地处理系统，造成一系列的运行问题，包括对地下水产生新的污染。

第二，美国家庭式的分散。

污水治理多数停留在户主自主阶段，由于户主缺乏专业的知识往往是在问题出现后才能发现，不能做到防患于未然，将损失降到最低。

第三，美国目前实际上一个地区只授权一个公司从事分散污水的营运服务，如何有效地引进社会力量和市场竞争仍需要摸索。

（2）日本农村生活污水

日本的城市和乡村分别适用不同的污水治理法规体系，城市（人口>5万人或者人口密度>40人/公顷的集中居住地）适用《下水道法》，乡村地区主要适用《净化槽法》。2006年，日本乡村污水治理服务的人口约占全国的31%。

1）相关法规

在20世纪50年代，日本为改善城市公共卫生环境，制定了《清扫法》、《下水道法》。到20世纪60年代，日本农村地区产生为改善生活与卫生条件的需求，很多公司推出适用于农村地区粪便处理的净化槽技术与设施，为规范市场与建设，日本出台了《建筑基准法》。1983年日本正式制定《净化槽法》，对乡村分散污水治理进行全面规定，成为目前日本乡村污水治理的主要法律依据。其中由《下水道法》规范的集中污水治理相当于我国的城镇污水治理，主要由国土交通省管辖，由各地方市政机构负责实施，属于公营事业。符合《下水道法》规定的农村地区居民的生活污水也排入城镇污水治理管网。

2）组织和管理

日本农村生活污水主要通过三种模式得到治理，即家庭净化槽、村落排水设施和集体宿舍处理设施。其中，村落排水设施、家庭排水设施分别由农林水产省、总务省和环境省依据《净化槽法》推进，《下水道法》和《净化槽法》对上述四个部门的责权范围都有明确规定。另外还有一种特殊形式的小区污水处理，由环境省依照《废弃物处理法》推进，服务人口约占全国的0.3%。各基层自治体（市、町、村）以及家庭是农村污水治理的责任主体，其中各自治体根据自身的特点，对照相关法律规定为每户居民选择合适的污水治理方式。有关责任主体在设置污水治理设施时需要首先获得都、道、府、县（相当于我国的省级行政区）或市政府的批准。日本的净化槽技术主要在排水管网不能覆盖、污水无法纳入集中设施进行统一处理的偏远地区使用。该技术在治理日本的分散型生活污水方面发挥了重要的作用。

20世纪60年代，随着社会生活的现代化，人们对抽水马桶的需求增加，净化槽技术开始迅速发展。当时的净化槽技术只能处理粪便污水，称为单独处理净化槽。在日本经济发展水平相对较低时期，该技术在一定程度上解决了公共卫生问题。但在对工业废水进行严格控制的同时，水资源质量并未得到明显改善。人们开始意识到灰水（包括厨房、洗衣、浴室污水等）的直接排放是公共水体污染的主要原因之一。随后，新的净化槽标准于1980年实施。新的标准促进了合并处理净化槽的发展，它不仅可以处理粪便污水，还可以处理厨房、浴室污水等。

水环境的改善，不仅需要开发新技术，也需要相应的管理、服务体系的支撑。因此在20世纪70年代后期，对于如何确保净化槽适当的安装、运行、维护、清扫和检查等，成为日本全社会关注的问题。此后，日本在1983年颁布了《净化槽法》，对净化槽的维护、清扫、检查做了明确的规定。1995年，由于要求保护湖泊、内海等封闭型水域水质的呼声日渐高涨，日本政府对净化槽的构造标准进行了大规模的修订。在新修订的版本中，除了提高去除BOD、COD的标准外，为了缓解水体富营养化的问题，还增加了去除氮、磷的内容。这一修订促进了深度处理（氮、磷去除型）净化槽的开发。目前，日本的深度处理净化槽技术已较为成熟，出水水质可达到以下标准：BOD在10毫克/升以下，COD在15毫克/升以下，TN在10毫克/升以下（因处理工艺而定），TP在1毫克/升以下。而且从2001年4月起，单独处理净化槽已被日本政府明令禁止安装。

2007年末，净化槽在日本的普及率为8.82%（使用人口与总人口之比），使用人口约1121万人，在全国41个都道府县210个市町村中得到使用。经过多年的发展，在日本已经形成了一套比较完善的法律法规体系、技术标准体系和服务体系。

《净化槽法》规定了净化槽的制造、安装、维护检修及清扫等方面的要求。作为强制性责任，净化槽系统的使用者负责定期维护、清理系统。《净化槽法》规定了净化槽的最大清扫周期，明确了定期检查、维护维修等净化槽使用者的义务。由于并不是所有使用者都具有相关的专业知识，所以维护和清理的业务主要委托给净化槽维护和清理的专业人员。另一个强制性责任是使用者要接受每年的水质检测。《净化槽法》第11条规定，净化槽的使用者每年都应接受一次由指定部门进行的净化槽出水水质的检查，以确认净化槽的定期检查、清扫等日常维护工作是否得到保证。同时，《净化槽法》还明确规定了对违反该法各项条款时的量刑、经济处罚额度等内容。

在技术标准体系方面，日本早在1969年实施的《建筑基准法》中就规定了净化槽的构造标准，之后又进行了多次修改、补充。由国土交通大臣颁布的净化槽构造标准（也称构造方法）中规定了净化槽的工艺选择、处理效率、设备要求、结构设计、滤料、曝气量等。在《净化槽法》实施后，环境省也颁布了一系列相关的规则，如净化槽维护检查技术标准、清扫技术标准、使用准则、净化槽施工技术标准、净化槽出水技术标准等。

另外，日本净化槽的清理、维护和水质检测人员都必须取得相应的资质。至2003年1月底，约有5.6万名净化槽操作人员通过国家考试或完成环境部长批准的讲座课程，并获得资质。为了提高清理人员的专业技术，政府还提供了不同课程，如"净化槽清理技术员资质培训课程"和"净化槽清理员培训课程"。到2003年1月底，约有1.3万名净化槽技术员和9600名清理员通过了培训课程。2001年3月底，有69家公共服务公司被指定为专业检测机构，在这些机构中有资质的检测员为1454人。可见，日本净化槽技术的服务体系已较为完善。

3）财政支持

日本村落以上的污水设施大多具有公营或者合营性质，建设资金主要由各级自治体（市、町、村）筹集，国家给以财政支持。目前日本也在尝试在村落排水设施的建设和运营中引进民间资本。日本政府为推动农村家庭污水治理而实施了两项资助计划。其一为净化槽设置整备事业，用于支持农村家庭将单独处理粪便的净化槽改造为合并处理净化槽，家庭负担总费用的60%，其余费用由地方补助2/3、国家补助1/3。另一计划为净化槽市町村整备推进事业，目的是为推动水源保护地区、特别排水地区、污水治理落后区等的生活污水治理工作的开展，家庭只需负担净化槽设置费的10%，国家承担33%，剩余约57%通过发行地方债券筹措。另外，该计划还由市、町、村设立公营企业，承担净化槽的日常维护管理等业务。

4）运行模式

日本农村污水治理由行政机关、用户以及行业机构共同参与完成。污水治理设施设立时，由用户向行政机关提出申请。县（市）级的行政机关及其指定的机构，对污水治理设施的申请设立、变更、废除具有审批权，并通过指定的机构对建设与运行的质量进行监管。监管有两种，一种相当于设施建成后的验收检查，主要对设施建成后的出水水质和运行状况进行评估；另一种是设施运行过程中的定期检查，相当于运行监管。作为第三方的行业机构在分散污水治理中担负很重要的角色。行业机构包括设备制造公司、建筑安装公司、运行维护公司和污泥清扫公司，行业机构均需取得相应的资质，并且从业人员都必须通过培训和考试获取相应的专业证书。此外，还有专业性的行业协会和培训机构等，在开展分散污水治理技术的研究、推广、宣传教育、专业人才培养方面做出了很大贡献，每年都为该行业培训出足够的合格的技术人员和管理人员。

5）经验教训

日本是主要发达国家中城市化进程完成最晚的国家，而且由于日本独特的土地政策，至今在乡村地区还保留了很多小规模的农户，但是日本农村污水治理的水平在主要发达国家之中首屈一指，这都要归功于政府主导、家庭参与和第三方负责的乡村污水治理的组织与实施体系。日本乡村污水治理中遇到的一个问题是，早期家庭污水治理以单独粪便处理为主，进入20世纪80年代后逐渐发现其他农村生活污水对环境的污染也非常严重，为此环境省还推出了多项政策计划来鼓励农村家庭的合并污水处理。但此项工作进展并不顺利，到2006年为止，日本采用合并污水治理的农村家庭仅占31%。这一方面说明家庭污水治理的技术更新非常缓慢，另一方面也表明如果仅仅为了保护外部环境，个人和家庭支付的意愿很有限。

（3）韩国农村排水系统的建设和管理

1）韩国农村排水系统的特点和建设

韩国《下水道法》（2001年修订）中，将农村排水系统定义为以自然村落为单位设置的、以防止农村地区水质污染为目的的排水系统，处理设施处理量为50～500立方米/天。

由于该日处理量的界定，导致当时韩国一些地区无法享受到排水系统建设的相关优惠政策，许多处理量小于50立方米/天的污水处理设施没有法律可以执行、管理。因此，韩国《下水道法》（2007年修订）中，将农村排水系统定义为处理量为500立方米/天以下的公共排水系统。根据韩国《农村整顿法》《农村住宅改良促进法》，建设的处理量为50立方米/天以下的简易污水处理设施都包括到了农村排水系统内，这使农村生活污水处理设施建设管理有了较强的可操作性。

韩国的农村排水设施原则上是由各地方自治政府来进行建设与管理。

各地方自治政府将管辖区域按流域区分，以20年为单位制定排水系统建设基本计划，并在韩国环境部的许可下，以5年为期对基本计划的适用性进行考察及修改。地方自治政府要在韩国环境部的许可下根据基本计划建设污水处理厂（包括排水收集管道及泵房），同时地方自治政府可以利用征收的排水系统使用费来提供运营管理费用。

韩国农村不同流量级别的污水处理设施数量统计结果表明，处理量为50～500立方米/天的污水处理设施占54%，50立方米/天以下的占46%，最小污水处理设施的处理量仅为2立方米/天。

韩国农村排水系统建设的投资由多部门进行，包括韩国行政自治部、农林部和环境部，根据主要工作内容，都有相关的建设内容，但具体的内容统筹考虑，相互补充协调。

针对农村污水水质特点和水量，韩国农村污水处理工艺种类较多，统计的1149座韩国农村水污染控制设施采用的工艺和所占比例排序分别为：生物膜法、高效组合工艺、深度处理工艺、序列间歇式活性污泥法（SBR）、A/O法和土地处理工艺。其中，生物膜法占据了明显的优势。这与生物膜法管理方便、出水水质较稳定、污泥产量低等有关。

目前，韩国污水二级处理出水水质的要求（非特别保护地区）为：BOD5≤30 毫克/升、总悬浮物（TSS）≤30毫克/升、高锰酸盐指数≤40毫克/升、总氮≤60毫克/升、总磷≤8毫克/升。没有对出水营养盐排放作出严格的规定，因此营养物去除的工艺在农村污水处理中不多见。但韩国是水资源相对缺乏的国家，针对水资源紧缺的现状，仍约有14%的韩国农村污水处理设施对污水进行深度处理，以满足回用的要求。

韩国的有关部门在选择排水系统的规模时，常用式（4-3-1）判断某个处理单元（可以是某一户或某一处农村排水系统）能否与其他处理单元进行合并处理的情况。

$$L/N \leqslant CJ + MJ - (CY/N + MY/N)CP \qquad (4\text{-}3\text{-}1)$$

式中：L为连接所有单元的管道的总长，米；N为单元数，户；L/N为单元间的平均距离，米/户；CJ为分散式处理设施的建设费用，元/户；MJ为分散式处理设施Y年内所需的管理运营费，元/户；CY为集中式处理设施的建设费用，元/户；MY为集中式处理设施Y年内所需的管理运营费，元/户；CP为管道的建设费用，元/米。

当式（4-3-1）成立时，宜多户合并收集处理；当式（4-3-1）不成立时，应进行调整，有些合并，有些住户单独处理。

从农村排水体制分析，韩国农村排水系统建设经历了从无到有的过程，早期多为合流制，随后不断完善并向分流制发展。据统计，截至2004年，韩国农村合流制管道占57.5%，分流制管道占42.5%。因此，合流制的比例在韩国农村地区非常大。

2）韩国农村排水系统的管理

①韩国农村排水系统的管理模式

韩国的农村排水系统管理模式主要分为地方自治政府直接管理和委托管理。

地方自治政府直接管理：由各地方自治政府统筹管理、运营辖区内的农村排水系统。该管理模式的全国平均比率为32.8%。据统计，进行统筹管理的设施主要是一些可以实现无人操控的自动化设施。

委托管理：各地方自治政府将其负责运营管理的污水处理设施委托专业管理企业来管理。该管理模式的全国平均比率为67.2%。

从目前的趋势看，两种管理模式的优缺点见表4-3-1。

两种管理模式的优缺点 表4-3-1

管理模式	优点	缺点
地方自治政府直接管理	降低人工费 出现事故时追究责任明确	由于管理人员专业化程度差而导致管理不善 政府负责工作过多导致人手不足 政府内部管理效率低 发生紧急状况时无法投入临时人力
委托管理	交由专业机构运营管理效率高 发生紧急状况时易于快速采取措施 拥有专业人才，管理相对专业	增加了监督管理工作的强度

②农村排水系统运行管理体系的建立

针对已取得的经验，韩国提出了有效的农村排水系统运行管理体系，在此体系中的各方关系见图4-3-1。

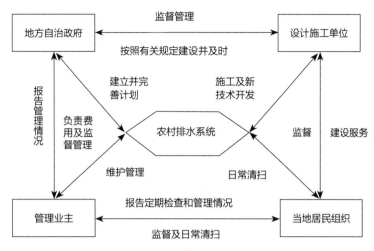

图4-3-1　韩国农村排水系统运行管理体系

在韩国农村排水系统运行管理体系中，中央政府起着指导作用，地方自治政府起着具体的实施作用。中央政府首先以20年为单位制定排水系统建设基本计划。地方自治政府在中央政府环境部门的许可下，以5年为期对基本计划的适用性进行考察及修改，并切实按计划进行污水处理设施建设，选择具有专业资质的设计施工单位，并在设计、建设、施工阶段对于方案的选择、建材设备的选购、施工质量等方面进行监督。

污水处理设施建设完成后，以前常由地方自治政府进行管理（管理人员均为公务员）。但目前以委托管理为主，地方自治政府选择并委托专业管理企业对污水处理设施进行运行管理，同时定期对这些企业进行评估，以督促他们完成管理任务、提高自身技术水平。专业管理企业通常只负责技术含量高的工作，其他诸如清扫等工作交由当地居民组织完成，这样不仅可以节约运行成本，还能促进居民的参与程度，提高居民对污水处理设施重要性的认识。因此，根据韩国的经验，政府的作用和居民的监督参与是农村排水系统建设和管理顺利进行的重要保障。

韩国农村排水系统设施委托管理的特点如下：

首先，通常同一管辖区域内的污水处理设施主要采用统一的工艺，且有同一管理业主进行管理（地方自治政府直接管理或委托专业公司管理）。此外，为强化管理，根据韩国《下水道法》（2007年修订），50立方米/天以上排水系统须设专人管理。

其次，建设以大型污水厂为中心的远程自控系统。目前，在韩国的农村污水处理设施中，尝试采用远程控制实现对小型处理设备的远程操作。通常是以某个大型的污水厂为中央控制中心，而对其周边的各个小型的农村污水处理设施进行统一检测、管理、运行。这样的远程自动控制，使管理人员不用常驻在污水处理设施处，可将分散的、多样化的设施进行标准化、高效率的管理。使得原来需要在每一个设施安装的运行管理设备减至最低，从而大幅度降低成本。

再次，污泥进行统一收集处理。农村排水系统产生的污泥不是由各个污水处理设施自行处理，而是分别贮存后运到指定的污水厂进行统一的污泥处理，这样确保了污泥处理处置的经济性和安全性。

3）韩国农村排水系统存在的问题

①污水量及负荷量规律性差

由于各个农村地理特点，以及排水系统管道铺设不完善等问题，导致农村地区的污水量难以准确确定，地下水的渗入更使得污水有机负荷量偏小，往往达不到进水设计要求。另外，处理流量随时间的变化大，而水冲厕与旱厕共存的现象使得农村污水水质的地域差别很大。虽然新建农村排水系统多为分流制，但排水系统管道不能完全进入每户家庭，将污水、雨水进行有效分离，因此降雨时雨水从污水管道混入的现象时有发生。

②管理部门过多

韩国农村排水系统的建设由韩国行政自治部、农林部、环境部共同承担，各部门间还无法做到无缝衔接，有因分工不明确而导致重复建设的情况出现。

③管理人员缺乏

由于韩国劳动力成本高，难以保证有足够的运行管理人员，很多地方自治政府只有一个工作人员负责其管辖区域内的所有农村水污染控制设施，工作人员负责的农村水污染控制设施过多，难以有效地完成任务。委托专业管理公司管理的农村水污染控制设施由于过于分散，常出现管理单位无法按规定进行检修的情况。

韩国在农村排水系统中其主要特点在于制定了有针对性的法规、政策和措施，并且根据发展加以不断地调整。政府在农村排水系统建设中发挥主导作用，同时引导居民从建设到运行管理的深入参与也是韩国农村排水系统正常发挥作用的关键所在。

（4）新西兰生活污水就地处理系统

污水就地处理系统包括农场、工厂或单个家庭，但通常是指单个家庭的生活污水处理系统。在新西兰约有27万个生活污水就地处理系统。据估计，一些地区至少有20%的家庭依靠这种污水处理系统。在新西兰，大部分的污水就地处理系统为成熟的化粪池。但不同社区的失败率在15%～50%，即全国有4万～13万个失败的系统。导致污水处理系统失败的原因大致包括以下三个方面：一是缺乏持续的日常维护、维修，这通常是由于系统所有者不知道如何管理和维护造成的；二是安装不当或选址不当；三是系统到了使用年限需要更换。适当的管理和日常维护有利于尽早发现问题，减少维修成本，延长使用寿命。

在过去十多年中，新西兰污水就地处理系统的设计和安装的技术标准发展较快，如《就地生活污水管理的澳大利亚/新西兰联合标准（2000）》（AS/NZS 1547：2000 On-site domestic wastewater management）和奥克兰区域议会的"污水就地处理系统：设计和管理"（TP58）。但仍存在许多问题，如法规繁多、缺乏地方议会和区域议会之间明确的职责，这意味着污水处理系统权责不清晰，无人检查。根据2007年环境部对所有区域的计划和地方法规的调研，结果显示，目前只有小部分议会监督污水就地处理系统的运行情况或要求系统所有者对其生活污水处理设施进行维护，而且通常对系统的所有者也没有相应的激励机制。

针对上述问题，新西兰环境部提议制定污水就地处理系统的国家环境标准，并且对不同方案所达到政策目标的有效性进行了比较。与其他选择相比，国家环境标准的主要优势为：较好地完成了政策目标，为保护人类健康和环境提供了管理框架；提出了强制要求；明确污水就地处理系统的管理责任；更为成本有效等。

在提议的国家环境标准中，"合适许可证"（Warrant of Fitness, WOF）

是一项重要的内容。国家环境标准规定：从2010年7月1日开始，经过区域议会鉴定的地方，污水就地处理系统的所有者要求持有"合适许可证"，证明其污水就地处理系统运行正常并以适当的标准维护。

国家环境标准也规定了区域议会、系统所有者、检查者的管理责任。区域议会负责评估、决定哪些地方应该施行国家环境标准，并向住户提供承包者和检查者的信息表。议会还负责管理与污水就地处理系统相关的信息数据库，包括日常检查的结果。系统所有者负责确保他们持有"合适许可证"，支付运行、维护、维修、检查的成本。检查者负责检查就地处理系统是否与所规定的标准一致。如果符合标准，则发放"合适许可证"；如果不符合标准，则检查者负责查明存在的问题，以便日后改进。在检查期间，如果只是较小的维护问题，那么建议书会和"合适许可证"一起发放。日常维护和"合适许可证"的电子记录会输入议会的基础数据库中。

需要强调的是，新西兰原本想将国家环境标准用于每个污水就地处理系统，但最终放弃了该选择。原因是其成本远大于收益，且会给地方政府也带来较大的压力。累积效应是另一个考虑因素。少量的污染物可以通过自然过程（如河流、湖泊的自净能力）消纳，但当有大量污染物同时产生时，其累积效应就会对人类健康和环境造成负面影响。因此，对于人口较多、环境较敏感的地带应该优先考虑，将资源集中在这些地区更为有效。

（5）发达国家的成功经验对我国的启示

发达国家具备了成熟的技术，制定了相应的技术标准，其管理和服务体系也较为完善。而新西兰对生活就地污水处理系统制定了一些技术标准，并已意识到建立污水处理设施的管理、服务体系的重要性，准备出台全国性的环境标准，规范污水就地处理系统的运行、维护、监督、检查等内容。

从日本的成功经验可以看出，要建立一套较为完善的法律法规体系、技术标准体系以及管理和服务体系，需要几十年的时间。而我国在农村生活污水治理方面目前仅仅是示范阶段，因此普及推广还需要较长一段时间。新西兰与我国的相似之处在于都处于农村生活污水治理的探索阶段，并且都缺乏对污水处理系统运行维护情况的监管和制定明确的强制责任，因此新西兰的实践过程对我国也有较强的借鉴作用。

总结发达国家的成功经验和探索实践，今后我国在推广农村生活污水治理时，要注意以下几方面：

1）政府主导，通过建设带动卫生与环境目标的共同实现

发达国家农村污水治理的组织管理机制受本国国情和发展历史的影响。总的来说，城市化历史悠久的欧美国家在农村污水治理中以环境保护为主要目的，强调用户自主，国家给予引导和一定程度的扶持。日本在农村污水治理过程中卫生健康、建设与环境保护的需求同时存在，问题复杂得多。为了加强治理的力度，日本以政府主导的形式，建立了一套比较严密的由政府、用户与机构共同参与的农村污水治理的组织与实施体系，并且国家在资金上的扶持力度大。尽管发达国家的乡村都已经不存在严重的生活污水问题，但相比较而言，日本的乡村污水治理更为有效。一些国家例如英国，污水治理早已私有化，尽管城市污水治理的效果比较有保障，但服务总人口约2%的城市管网外的污水系统建设、管理和维护的水平堪虞，成为欧盟批评的对象。芬兰从2004年开始执行《排水管网以外地区生活污水处理政府法令》，原则上由建筑物所有者支付污水处理与运行管理的费用，政府仅对低收入者提供不超过总费用35%的经济补偿。尽管政府在动员和组织方面下了很大功夫，但进展并不快。我国国情更为复杂，城乡差别和地区差别大，在发展过程中各种问题在短时间内同时出现，农村污水治理多层次目标纠缠在一起，难度大、战线长、问题复杂，因此更应强化政府统筹的力度，并加大政策与资金倾斜。现阶段宜以建设为主，带动卫生健康与环境保护目标的共同实现。

2）注重长远，将分散治理与集中治理置于同等重要的地位

现代分散污水治理的技术加上适当的管理，可使分散污水治理的出水水质完全达到大城市的污水治理水平。因此，分散污水治理已经不再是实施集中污水治理之前的权宜之计，而应将其作为与集中污水治理具有同等重要地位的永久性设施来看待。日本的实际运行数据表明，乡村家庭规模污水治理的经济性仅次于大都市的污水治理，显著高于人口<5万人的各种管网系统的经济性。虽然现阶段我国农村污水治理的目标以建设为主，但是在建设的标准上要有适当的超前意识。发达国家的经验表明，初期为迁

就建设成本而选择的一些低级的污水治理技术或者设施，在未来升级改造时难度很大。因此，我国在选择家庭污水治理的技术时，如果有分阶段实施的考虑，必须将再次动员和组织的社会成本纳入技术经济比较之中。

3）寓分散于集中，提高农村污水治理设施的集中运营与服务水平

分散污水治理最主要的缺点就在于其建设与运行的质量不容易得到保障。为了解决这一问题，各国提出了不同的措施，其宗旨都在于提升分散设施建设与运营的集中程度。在建设与运行保障方面，日本的做法最为有效。日本在农村污水治理的建设与运行中广泛采用第三方服务的模式，由具备资质的公司生产设备和其他配件，由专门的公司和经过培训的人员分别负责系统的安装、维护检修与运行保障工作，确保了农村生活污水治理的建设、运行与维护的质量。美国环保局在总结分散污水治理的教训已经意识到，以用户自觉为主的管理方式不利于系统的稳定运行与维护。这种情况在其他国家普遍存在。我国农村的管理和技术水平与发达国家还有很大差距，能否建立一个高效完备的建设与运行的服务体系，对于我国农村污水治理而言至关重要。

4）建立专业化服务体系

面对数量巨大的农村生活污水处理系统，由地方政府负责日常维护、清理、检查等工作，成本较大。较好的方式是将其承包给专业服务公司，如日本所形成的专业服务体系，并可将专业服务公司分为两类：一类只负责日常维护、清理；另一类负责定期检查。这样对日常维护工作的评估更为客观。地方政府提供专业培训，并对专业人员和服务公司进行资质认证。

5）建立信息平台

新西兰的区域议会建立的基础数据库，主要用于收集维护、定期检查的数据，这不仅可作为是否维护、检测的证明，也可作为评估生活污水处理系统的设计、安装是否合适的依据。我国目前还未制定农村生活污水治理相关的技术标准，因此，在省、市级政府建立信息平台还需要收集一些基础信息，如所采用的技术（研发成功的技术、不适宜该地区的技术）、治理效果（污染物去除率、水质监测等）、成本信息（建设成本、运行成本等）。其作用是为制定适合本省、市的标准、规范作参考依据。

6）制定技术标准

并不是所有的农村地区都要达到生活污水治理的某一标准，这样会导致监管成本过高而无法执行。因此应由地方政府根据当地情况，确定治理范围，如环境敏感区域、水源保护地等。从生活污水治理系统的制造、安装、维护、清理、检查等多方面建立完善的技术标准体系，如日本的《净化槽法》、《建筑基准法》等。而且应首先建立国家的农村生活污水治理技术标准，如新西兰即将出台的国家环境标准。该标准是最低的标准，不同地方政府可以根据实际情况，制定适合该地区的技术标准。

7）明确强制性责任

通过法律法规的形式，明确各管理主体的强制性责任，才能确保农村生活污水治理的长效运行。如新西兰的政策方案比较中，国家环境标准具有强制性，所达到的政策效果是最好的；另外，日本的《净化槽法》也规定了使用者的强制性责任，确保了净化槽的维护、清理和定期检查的实施。

总之，在我国推广农村生活污水治理，不仅要因地制宜开发新技术，而且更重要的是要逐步建立相应的技术标准体系、管理体系和服务体系，建立一套以法规政策为基础的、高效的村镇水污染治理的组织管理机制是推进农村污水治理的前提和关键，才能确保污水处理系统的长效运行，达到改善农村水环境的目的。我国具有后发的优势，在广泛调研发达国家农村污水治理经验的基础上，结合我国国情，走出一条适合我国农村实际、有中国特色的农村水污染治理之路。

2　国内村镇生活污水处理技术评估

近年来，随着新农村建设的不断推进，我国的农村生活污水处理成为群众关注的热点问题。然而，从实践层面看，农村污水处理工程的推广进展仍较为缓慢，一些已经拥有农村生活污水处理设施的农村地区，也相继暴露出管理低效、处理效果不理想，甚至基本设施空置等问题。如何进一步解决这些问题，为农民群众提供健康和谐的生活环境，是摆在各地政府面前的一个重要任务。

2005年以后，随着国家新农村建设政策的提出，各地政府纷纷开始推广农村污水工程，将生活污水治理作为新农村建设的重要内容并取得了一定成效。

（1）国内村镇生活污水处理技术

我国从20世纪80年代开始，开展了村镇生活污水与分散点污染源处理技术的开发和研制工作，有些无动力或微动力的低能耗型一体化污水处理装置得到应用。此外，还开始采用环境生态工程如土地处理、垂直流或水平流人工构筑湿地、地下渗滤系统、生态沟渠等处理工艺条件研究，以及环境工程如生物法的生物滤池、生物接触氧化处理工艺条件研究，初步形成以环境生态工程为主，以环境工程为辅的处理格局。

农村生活污水处理适用技术一览表   表4-3-2

适用技术	技术参数	去除效率	适用范围
化粪池	污水停留时间宜为12～24小时；污泥清淘周期宜为3～12个月。化粪池有效深度不小于1.3米，宽度不小于0.75米，长度不小于1.0米	污染物去除效率COD：40%～50%，SS：60%～70%，动植物油：80%～90%，致病菌寄生虫卵：不小于95%	分散式污水处理系统黑水的预处理（水冲式厕所产生的高浓度粪便污水及家庭圈养禽畜产生的粪尿污水）
沼气池	正常工作气压≤800Pa为宜；平均产气率0.15立方米/立方米·天；贮气池容积昼夜产气量50%；最大投料量沼气池池容的90%	污染物去除效率COD：40%～50%，SS：60%～70%，致病菌寄生虫卵：不小于95%	分散式污水处理系统（气候温暖地区的黑水预处理）
人工湿地	水力负荷3.3～8.2厘米/天；潜流湿地床层深度0.6～1.0米；水力坡度0.01～0.02，坡向出水一端	污染物去除率COD：40%～60%；BOD：60%～80%；SS：80%～90%；TN：30%～40%；TP：50%～70%	各种规模的污水收集和处理系统的灰水处理。可实行黑、灰水分离且有土地可以利用、最高地下水位大于1.0米的地区
土地渗滤技术	土壤渗透系数达到0.36～0.6米/天；淹水期与干化期比值应小于1，淹水期与干化期比0.2～0.3；渗滤层深度1.5～2米	污染物去除率COD：40%～55%；BOD：55%～75%；SS≥90%；TN：40%～50%；NH₃-N：40%～60%；TP：50%～60%	各种规模的污水收集和处理系统的灰水处理。有渗透性能良好的砂土、沙质土壤或河滩，地下水水位大于1.5米的地区
稳定塘	调节池水力停留时间为12～24小时；水力停留时间为4～10天；有效水深为1.5～2.5米	污染物去除率COD：50%～65%；BOD：55%～75%；SS：50%～65%；NH₃-N：30%～45%；TN：40%～50%；TP：30%～40%	集中式污水收集系统。经济欠发达，环境要求不高的农村地区，拥有坑塘、洼地的农村

适用技术	技术参数	去除效率	适用范围
生物接触氧化池	污水停留时间宜为3～4小时，填料层高度宜为2.5～3.5米，有效水深宜为3～5米，向池内通入的空气量应满足气水比5∶1～20∶1	污染物去除率COD：80%～90%，BOD：85%～95%；SS：70%～90%；寄生虫卵≥95（个/L）；TN：30%～50%，NH_3-N：40%～60%，TP：20%～40%	集中式污水收集系统。处理出水水质要求较高的农村污水处理
脱氮除磷活性污泥法	进水水温12～35 ℃，进水pH值6～9，营养组合比为100∶5∶1，总水力停留时间15～30小时，需氧量0.7～1.1公斤O_2/公斤BOD_5，充水比0.30～0.35	污染物去除率COD：80%～90%，BOD：85%～95%，SS：70%～90%	集中式污水收集系统。对于处理出水排入敏感地表水体的地区尤为适用
膜生物反应器	进水pH值宜为6～9。污泥负荷Fw宜为0.1～0.4公斤/公斤·天；MLSS宜为3～10克/升；水力停留时间宜为4～8小时	处理后排放浓度：BOD_5不高于20毫克/升，COD_{Cr}不高于60毫克/升，SS不高于20毫克/升，NH_3-N不高于15毫克/升，TN不高于20毫克/升，TP不高于1毫克/升	集中式污水收集系统。经济发达，对处理出水要求较高，排水去向为水源保护区和环境敏感区的地区尤为适用

基于国内外农村水污染控制技术的发展态势和我国农村自然地理条件、社会经济发展水平以及农村水污染状况的差异，还没有迫切需要建立科学的农村水污染控制技术政策评估体系和各种技术政策的评估方法，本研究分析确定了技术的方向、特点及区域适宜性，明确了农村水污染控制技术评价目标，选取技术、经济、环境指标，建立了农村水污染控制技术评价指标体系，评估处理技术的成熟性、运行的稳定性、操作管理难易程度与区域特点的适配性，开展了共性技术评估。

（2）村镇生活污水处理技术评估方法

目前本研究已经筛选出一系列农村生活污水处理技术的技术、经济、环境评价指标，并针对当前农村生活污水单项处理技术及复合型处理技术分别建立了1套评价指标体系，并对各种技术进行了初步评价，评价指标体系的合理性及评价结果的科学性有待进一步研究和论证。

1）技术指标评价 污水处理技术所采用的技术指标主要包括BOD_5、COD_{Cr}、SS、NH_3-N、TP、TN等污染指标的去除率、处理技术的成熟性、运行的稳定性、操作管理难易程度、分期建设性能，对气候的适应性等。

①污染物处理效率

污染物处理效率是指标各污水处理技术对BOD_5、COD_{Cr}、SS、NH_3-N、TP等的去除率。通过污水处理效率分析，可检验出某种污水处理技术对各种污染物处理能力。

②技术的成熟性

污水处理技术必须是经过实践检验的、技术成熟的、处理效果能得到保障的技术，不能一味地追求其先进性，而是依据农村的具体实际，立足适用性来选择农村水污染控制技术。对于技术成熟性指标可用技术开发的年代来定量。

③运行的稳定性

运行稳定性是指污水处理技术抗冲击负荷的能力，当进水水质、水量变化时对处理性能的影响及出水水质达标情况。由于农村污水量及进水水质随时间变化的幅度较大，因此，处理技术的运行稳定性就显得格外重要。

④操作管理难易程度

操作管理难易程度不同的污水处理技术涉及不同的自控水平及人工管理的复杂程度。自控要求的高低直接影响污水厂运行的稳定性、工程投资、员工素质等。自控要求低（定性评价分值高）相对工艺来讲稳定性高，投资省，员工素质要求较低，反之亦然。农村地区经济实力较弱，不宜刻意为实现自控而增加相对过大的投资，宜于采取人工控制和自动控制相结合的方法，使系统关键部位的运行状态处于常时监控状态，并提供简捷可靠的事故处理和安全保障功能。

⑤对气候条件的适应能力

在生物处理技术中，水温是影响微生物生长的重要因素。夏季污水处理效果较好，而在冬季净化效果降低，水温的下降是其主要原因。在微生物酶系统不受变性影响的温度范围内，水温上升就会使微生物活动旺盛，就能够提高反应速度。此外，水温上升还有利于混合，搅拌、沉淀等物理过程，但不利氧的转移。对生化过程，一般认为水温在20～30℃时效果最好。如果污水处理技术对气候适应能力强，则气候对处理效率的影响相对就小。对气候条件适应能力指标可用处理技术对温度的适宜范围来定量。

2）经济指标

污水处理费用包括技术的一次性投资和建成后的运行成本两部分。项目建设的一次性投资的大小并不直接决定运行成本，但可以对运行费用起很大的影响和作用。建设投资费用主要包括土地（即厂址和搬迁安置）费用、直接建设和安装工程费用、设备费用、管理费用等。运行费用包括人工费、电力和运输费、药剂费、维护费等。

农村地区土地资源相对比较丰富，征地费用较低，且可利用许多天然的处理系统污水处理技术应充分利用这一条件，对于占地指标的要求可适当放宽。占地面积指标可采用各处理技术的占地面积的相对比例来进行定量。

3）环境指标

①污泥产量

污水处理过程产生的污泥有栅渣、沉砂池排渣和一沉池、二沉池排泥等。一沉池排出的污泥为生污泥，二沉池排出的为活性污泥。污泥处理的目的主要是减容和稳定化。减容处理主要是通过浓缩、脱水处理，浓缩是采用不同形式的浓缩池降低污泥的含水率，脱水主要是利用带式脱水机、卧式螺旋脱水机等将污泥进一步脱水。未经稳定的污泥，因有机物含量高，极易腐败发臭，尤其是初沉池的污泥，含有大量的病菌、病毒、寄生虫卵，易造成生物性污染和疾病传播。可见，污泥产量越少，对环境的影响越小。

②运行影响

污水处理的处理设施在污水污泥处理过程中会产生臭气和其他有害气体，如不处理会对环境和人体健康造成危害。处理厂的臭气主要来源于格栅间、污泥处理、厌氧处理和曝气池等，除了臭气物质以外，还有甲烷、挥发性有机物等。美国、日本等发达国家对污水处理厂的臭气都有控制标准，我国已制定恶臭控制标准。因此，应选择产生臭味少、运行噪声小的污水处理技术。

本课题初步建立农村水污染控制技术评价指标体系如表4-3-3，在研究过程中将对指标体系进一步修改和完善。

农村水污染控制技术评价指标体系表　　　　表4-3-3

一级指标	二级指标	三级指标
经济	工程投资	
	运行费用	
	占地面积	
技术	有机物悬浮物去除率	BOD$_5$
		COD$_{Cr}$
		SS
	脱氮除磷效果	TN
		TP
	抗冲击负荷能力	抗水力冲击负荷
		抗污染物冲击负荷
	运行管理	自动化程度
		工艺复杂程度
	技术成熟性	
	对气候变化的适应能力	
环境	污泥产量	
	运行影响	气味
		噪声

本研究采用定性评价方法对目前国内农村生活污水处理技术从经济、技术及环境三个方面进行了初步评价。评价结果见表4-3-4。

（二）村镇生活垃圾处理技术现状

1　国外村镇生活垃圾处理技术对我国的启示

日本和欧美发达国家经济发达，城乡一体化程度高，在生活垃圾处理方面起步早，农村垃圾与城市垃圾一并由政府统一管理或委托专门企业管理，统一立法、收集、转运、处理，并且建立了相对完善的管理体制。因

表4-3-4

农村生活污水处理技术评价

| 处理技术 | 污染物的去除效果 | | | 能否去除氮磷 | 抗冲击性能 | 运行管理方便性能 | 节能 | 污泥减量 | 占地面积 | 优点 | 缺点 | 适用范围 | 应用实例 |
	BOD$_5$	SS	病原体										
延时曝气	高	高	高	否	好	方便		能	一般	污泥负荷低、曝气时间长、有机物氧化度高、剩余污泥量少	池容大、曝气时间长、基建和运行费用高		
氧化沟	高	高	高	能	好	方便		能	较大	工艺简单、管理方便、投资省、运行费用低、稳定性高、出水质好	存在污泥膨胀、泡沫、污泥上浮等问题	平原、坡地皆适用，废弃农田、鱼塘及洼地可利用	千岛湖镇富城村污水处理设施
SBR	高	高	高	能	好	较为繁琐		能	较小	处理效果好、适合间歇进水、运行灵活、具有脱氮除磷功能	运行较为繁琐	适用于水资源短缺、土地紧张、间歇性排放的农村地区	
接触氧化	高	高	高	能	好	方便			一般	容积负荷高，对水质水量的骤变适应能力强；剩余污泥量少，不存在污泥膨胀问题，运行管理简便	工艺构筑物繁多，不易管理，运行成本偏高，对污水收集系统要求较高	经济较发达的农村地区	常熟市海虞镇汪桥村
曝气生物滤池	高	高	高	能	好	方便			一般	滤料就地取材（滤料）投资少（吨水投资约为600元/立方米，运行费用低0.11～0.22元/立方米，管理简单方便		适用于村庄布局分散、规模较小、地形条件复杂、污水不易集中收集的南方地区	

续表

处理技术	污染物的去除效果			能否去除氮磷	抗冲击性能	运行管理性能	节能	污泥减量	占地面积	优点	缺点	适用范围	应用实例
	BOD_5	SS	病原体										
塔式生物滤池	高	高	高	能	好	方便	节能	能	一般	运行管理简单方便，耐冲击负荷强；污泥产率低	受温度影响较大，滤池填料易发生堵塞，总氮去除效果不显著	适用于经济较发达、人口密集的南方农村地区	苏州市吴中区上林村
MBR	很高	很高	很高	能	好	方便	节能	能	较小	运行管理方便、占地面积小，出水水质稳定，脱氮除磷效果好，泥龄长			
稳定塘	一般	一般	高	有效果	好	方便	节能		大	基建投资少，能耗、运转费用低，维护简单，出水达到污水综合排放标准（GB 8978—1996）的一级排放标准	占地面积大，受气候影响较大，设计或运行管理不当，易造成二次污染	适用于山区、平原、水网区域，无法集中收集污水的农村地区	温州市龙湾区王宅村生态塘系统
人工湿地	一般	高	高	有效果	好	方便	节能		较大	高效率、低投资，低运行费（小于0.1元/立方米），处理量灵活，处理效果好	占地面积大（4～6平方米/立方米·天），易受气候、土壤和植物等因素限制	可利用空地较多，气候条件适宜的农村地区	东阳工人工湿地净化工程
慢速渗滤	高	高	一般	不稳定	好	方便	节能		较大	投资、运行，能耗省，处理效率高（SS、BOD_5、COD_{Cr}、K-N、TP去除率分别达到42.2%、97.0%、86.9%、90.3%、96.6%），易管理，经济效益明显	受气候和植物限制比较大	适用于土地面积充裕的农村地区	滇池流域、沈阳西部港洪区慢速渗滤处理

处理技术	污染物的去除效果			能否去除氮磷	抗冲击性能	运行管理方便性能	节能	污泥减量	占地面积	优点	缺点	适用范围	应用实例
	BOD_5	SS	病原体										
快速渗滤	高	高	高	能	好	方便	节能		较大	投资、运行费用及能耗低，处理效率高（COD_{Cr}、SS、TN、TP去除率分别为91.9%、98%、83.2%、69%），经济效益明显，易管理，系统稳定性好，应急处理和深度处理可以有机结合，不造成二次污染，不需对污泥作任何处理	占地面积中等，对土地要求较高，对土质透性能强（活性高，水力负荷大）	适用于土地面积充裕的农村地区	
地表漫流	较好	不高	不高	有效果		方便	节能		较大	投资、运行、能耗省	受气候和植物限制比较大	适用于土地面积充裕的农村地区	
净化槽	高	高	高	能	好	方便	节能		小	占地小，处理效果稳定，操作管理方便	建设和运行成本过高	经济水平较高和污水处理要求较高的地区	太湖流域
沼气净化池	一般	一般	一般	有效果		方便	节能	能	小	占地面积小，运行费用低，可产生一定量沼气	基建投资较大，运行技术要求较高	适用于住户相对集中的农村	永嘉县黄潭村生活污水处理工程

此农村地区的生活垃圾处理与城市地区没有明显差别。发达国家对农村垃圾治理的实施始于20世纪六七十年代，各国逐渐开始控制农村生活垃圾的污染，由专门机构对生活垃圾进行收运与处理。

20世纪八九十年代，一些国家开始逐步引入"避免和减少垃圾产生"的减量化观念，从垃圾末端治理向产生源头的减量分类转变，由专门机构的管理延伸到民众的参与。从20世纪90年代开始，一些国家开始重视有利用价值物质的循环再利用，垃圾分类和资源回收得到了较大的发展，垃圾回收利用率有了很大提升。卫生填埋、焚烧、堆肥是当今各国生活垃圾处理的主要方式。近年来，焚烧和堆肥的应用越来越多，垃圾填埋量逐年下降，呈减弱趋势，填埋有可能由生活垃圾的最终处理手段发展成其他处理工艺的辅助方法。卫生填埋是各国最主要的垃圾处理方式。据相关统计，英国的垃圾填埋比例占90%，美国：67%，加拿大：80%，法国：45%。

与填埋处理相比，焚烧处理具有占地少、处理周期短、减量化显著、无害化较彻底以及可回收热量等优点。因此，近年来得到了广泛的应用。荷兰、德国、瑞士、日本等国家，焚烧处理所占的比重均超过了填埋。堆肥和回收利用在部分国家的垃圾处理中也占有一定的比例。以下是一些国家地区生活垃圾处理的具体情况。

（1）日本

日本生活垃圾的处理以焚烧为主，焚烧比例达到 80%以上，另一个重要的垃圾处理方式是回收利用。日本从1989年开始实行垃圾分类回收。1991年制定了《再生资源使用促进法》；1995～2000年，又先后制定了《关于促进容器包装分类收集及再商品化法律》《特定家庭用电器再商品化法》《推动建设资源再循环型社会基本法》《建筑工程材料再循环法》《食品循环资源再生利用促进法》等关于垃圾回收的相关法律法规。在完善的法律体系下，对于生活垃圾的分类，日本有着具体的规定，从居民到负责垃圾收集的组织都有义务严格按照分类标准收集垃圾。

在日本，垃圾分类非常清楚，可回收的垃圾与其他生活垃圾都分类投放到不同的垃圾箱中。在有些地方每周回收不同的垃圾，包括玻璃制品、不燃物质（塑料、橡胶、皮革等）、金属、家电等。这样的好处是，垃圾车装运同一种垃圾，可直接送到处理厂去处理，省工、省时。日本运送垃圾的垃圾车也很讲究，全部是自动封闭式、自动加压式的，装车的垃圾可以自动压实，易拉罐之类的废弃物可以压扁成片。

（2）美国

卫生填埋是美国处理城市生活垃圾的主要方式。1988年，美国城市固体废物填埋场为7924座，随后填埋场数量逐年减少；到2002年，全国仅拥有1767座垃圾填埋场，下降趋势明显，体现了美国生活垃圾处理理念和处理方式的转变。城市生活垃圾回收是如今美国治理垃圾废物的主导措施。1976年美国通过了《资源保护和回收法》。自20世纪80年代以来，美国政府以及地方先后制定了促进资源循环再生利用的法规，1984年美国修订了《资源保护和回收法》，1999年制定了《污染预防法》。美国联邦政府和各州政府还推行了一些有利于发展循环经济的政策。自20世纪80年代以来，美国已有半数以上的州先后制定了促进资源循环再生利用的法规，不仅在立法上给予了有力支撑，还在技术、设备、管理等方面运用许多新理念和新技术，效果明显。1960年美国城市固体废物回收再利用量为561万吨，再利用率为6.4%；2003年再利用量为7227万吨，再利用率为30.6%。在此期间，美国城市固体废物回收再利用量和回收再利用率大幅度提高。2000年美国城市固体废物总回收再利用量为6888万吨，2003年达到7227万吨。回收再利用率分别为29.4%和30.6%，一年比一年提高。废物回收量的稳步增长，推动了废物再循环企业的发展。2003年美国共有公共和私营废物再循环利用企业56000家，提供劳动岗位110万个，年度销售额2360亿美元。美国有40%的城市废物再循环率达到50%，既节省了能源、保护了环境、节省了废物处理费，也促进了本地区的经济发展。

近年来，随着开发利用废物资源在美国日益得到重视，垃圾堆肥作为废物资源化的重要组成部分也得到了广泛应用，尤其庭院垃圾和餐厨垃圾堆肥等在美国应用广泛，已经成为废物资源回收与循环再生的主要措施之一。美国农村的垃圾处理，一般由规模不大的家庭公司来承担。公司的员工也是农民，他们开着小垃圾车，到各家各户收取垃圾，同时也收取一定费用。美国的西雅图市政府定：每月每户居民运走四桶垃圾，需交纳13.25美元的费用，每增加一桶垃圾，加收费用9美元。据悉，这一规定实施以后，西雅图市的垃圾量一下减少了25%以上。虽然美国的农民住得分散，但是垃圾公司会深入到每个乡村的每个角落。每家每户都有一个带轮子的垃圾箱，居民每天早晨送到公路边，由专车带走分类垃圾。

（3）欧洲

欧盟国家从国家到地方都建立了专门的城市废物管理机构，绝大多数国家实现了城乡一体化管理。生活垃圾的收运、处理以及城乡环境保洁等工作由专业的垃圾公司承担。瑞典是全世界生活垃圾处理最成功的国家之一。据统计，2005年全国89%的垃圾被用于再回收利用、生物处理及焚烧发电，2008年这一比例提高到了97%，仅有3%的垃圾需最后填埋处理。

德国是欧洲国家中处理废物从理念到技术都较为先进的国家之一。德国先进的固体废物处理原则是"避免产生—循环利用—末端处理"，首先减量化，其次资源化，最后才是处理。即垃圾处理时，首先进行回收利用，其次是资源化的堆肥等生物技术和焚烧技术，最后的末端处置是卫生填埋。在垃圾处理过程中，已经形成了一套完整的垃圾回收处理体系。德国政府积极推动沼气技术的开发利用，不仅提供资金用于新技术的研发，还给予沼气使用者经济上的优惠政策，沼气技术在农村地区得到很快的发展与应用。

瑞士的主要城市生活垃圾处理方式是焚烧，焚烧量约占80%，还有约15%的焚烧残渣和其他废物进入填埋场。瑞士政府规定，自2001年起，城市生活垃圾禁止直接进入填埋场进行填埋，城市生活垃圾必须经源头减量，分类收集。分类处理、资源充分利用以后，最终的惰性物质才能进行填埋处置。

2　国内村镇生活垃圾处理技术

长期以来，我国城市生活垃圾的收集处理作为社会公益事业由政府管理，而对于农村生活垃圾，受制于资金、人力、传统观念等因素，政府则缺少专业、有效的管理。目前，除了少部分地区的乡村对垃圾进行收集处理外，对于大部分农村地区，尤其是经济较为落后的地区，乡镇和村没有能力提供垃圾收集或处理的服务，通常将垃圾收集后露天堆置，或者任由村民随意倾倒，无序堆放于村前屋后、沟渠河塘、道路两旁。

由于不同地区的生活习惯、经济状况以及各级地方政府的管理力度等方面的不同，目前各地的农村垃圾处理水平现状不一。在我国经济一般或不发达地区，大部分农村的生活垃圾还普遍处于粗放的"无序"管理状态。当地农村生活垃圾处理基本上属于"四无"状态：无环卫队、无固定的垃圾收集点、无垃圾清运工具、无处理垃圾专用场地，村民自行将生活垃圾清理到户外，随意丢弃或堆放，村内卫生环境较差甚至恶劣。

某些经济条件较好或当地政府对环境保护较重视的农村地区，开始进行生活垃圾的统一收集、处理，积极探索适合当地农村的垃圾处理技术和方式。湖南省长沙县2008年开展生态环境建设和治理，2011年成立了农村环境综合治理办公室，基本完成了覆盖全乡镇的农村垃圾收集处置体系建设。配发到农户垃圾桶34991个；集中居住区垃圾池建设3689个；42个村分别建设了垃圾回购点；每村配发生活垃圾运输车1辆，建设垃圾处理中转站19座。完成收运及处理垃圾12243吨，项目区各乡镇、村均建立了农村环境保洁制度，安排专人负责垃圾清扫、收集与运输，年清运生活垃圾总量3972吨，受益人口136037人，生活垃圾收集转运将生活垃圾无害化处理率85%。其中，果园镇于2009年成立了全国第一个以农村生活垃圾分类处理为主的环保合作组织，农民自行对有机垃圾进行堆肥处理，合作社向农民收购可回收的废品，仅剩下10%的不可利用垃圾被送到县里的垃圾场进行填埋，每年可节约垃圾处置资金2700余万元。

河北省迁安市杨各庄镇闫官屯村，在将各村各户收集上来的垃圾送往填埋场之前，要经过一道网筛过滤分类的程序。过滤出来的细土、碎柴草、菜叶等回收制成农作物的有机肥料，成为优质的有机肥料。粗渣、细石、砖头等统一存放，用于填坑、修路。废塑料、废弃物等不可回收利用的垃圾焚烧后放入垃圾填埋场。采用这套技术，该村每年可清运处理垃圾50吨，生产有机肥料10吨，可节省肥料费用1万多元，节约垃圾填埋空间50%

以上。

我国少数地区，主要是经济较发达地区或大城市的周边农村，如北京、深圳、上海、浙江等地，建立了科学的垃圾管理机制，对农村垃圾进行统一收集、运输和处理。比较有代表性的是"户收集、村集中、镇转运、县（市）集中处理"的城乡一体化的运作模式。这种管理模式取得的实际效果很好，但是处理运输成本比较高，所以目前在广大农村地区并未有效推广。长期以来，我国城市生活垃圾的收集处理作为社会公益事业由政府管理，而农村生活垃圾受制于资金、人力、传统观念等因素，缺少专门有效的管理。目前，尤其是在经济欠发达农村地区的推广还存在一定的难度。

浙江省义乌市从2005年开始全面实行城乡垃圾一体化处理，农村环卫服务实行户、村、镇街、市"四级联动"的保洁制度。农户负责自家房前屋后的卫生保洁，垃圾收集到指定容器内，每个农户配置一只垃圾筒；各村配备一名以上的保洁员负责本村垃圾的清扫保洁工作，每个村建有一座垃圾房，垃圾由垃圾筒收集到垃圾房内；镇街主要做好辖区内的环境卫生监督和管理工作，负责将各村垃圾房内的垃圾清运到各镇街垃圾中转站；市环卫处的职能向农村延伸，负责各镇街垃圾中转站内垃圾的清运和处理工作。

2011年，四川省珙县按照"户收集、村保洁、镇清运、县处理"农村垃圾处理原则，开展城乡环境综合治理，取得了良好的效果：50%的乡镇、90%的村生活垃圾实现了分类无害化处理，全县不可回收垃圾量减少到30%，减量率达70%，不可回收垃圾无害化处理率达100%。

从总体上看，我国大部分农村地区生态环境依然较差，生活垃圾处理问题亟待解决。除了极少数农村地区的生活垃圾能得到妥善处置外，大部分农村生活垃圾没有得到处理或者处理不达标。据有关调查表明，在我国329个城市生活垃圾处理厂中，填埋场占其中的87.5%，垃圾堆肥厂占6.4%，垃圾焚烧厂占6.1%。而在填埋处置中，约有80%以上为简易填埋处置场，这对土壤、水源、大气等造成了严重的影响和潜在的危害。由此可见，我国城市生活垃圾处理尚且存在较严重的问题，农村生活垃圾的处理工作则是任重而道远。

因此，农村生活垃圾处理已成为我国农村发展中亟需解决的重大环境问题。目前农村生活垃圾处理处置的方法基本上是填埋、焚烧、热解、堆肥（包括好氧堆肥和厌氧堆肥）四种。

（1）卫生填埋处置技术

农村生活垃圾的最终处置方法是将经过焚烧或其他方法处理后的残余物送到填埋场进行卫生填埋。

卫生填埋技术是利用天然山谷、低洼、石塘等凹地或平地，经防渗、排水、导气、拦挡、截洪等措施防护处理后，将垃圾分区按填埋单元进行堆放。一系列填埋单元构成一个填埋层，多个填埋层依次升高形成填埋体，填埋体至最终设计标高后，最终覆盖封场。填埋体中通过微生物的活动推动有机物降解，使垃圾稳定。防渗、排水是指在填埋场底部构筑不透水的防水层、集水管、集水井等设施将产生的渗滤液收集排出并进行处理。导气是在填埋体中设置可渗透性排气或不可渗透阻挡层排气设施将产生的填埋气体收集排出。卫生填埋的优点是工程造价和处理费用均较低，产生的填埋气体可回收利用；缺点是占地面积大，稳定时间长，产生的渗沥液浓度高、毒性大而较难处理。

当前，由于填埋的卫生技术标准不断提高，填埋场投资费用和运行成本也随着提高，因而新的垃圾填埋场有向大型化和综合化处理的发展趋势；另外由于采用了先进的防渗、填埋、气体疏导利用及渗沥液达标排放技术，垃圾卫生填埋场的污染控制总体上得到了显著的加强。由于垃圾给环境造成的污染能够通过先进的技术进行控制从而降至最低水平，同时考虑到填埋处理的相对经济性和其他垃圾的处理方式所产生的最终物质必须通过填埋的方式进行消纳，故在未来的几十年里，用卫生填埋的方法处置垃圾仍然是国内外生活垃圾处理的主要手段之一。

村镇生活垃圾填埋场选址的影响因素及指标见表4-3-5。

村镇生活垃圾填埋场选址的影响因素及指标　　　表4-3-5

项目	名称	推荐性指标	参考资料
地质条件	岩层深度	>15m	
	地质性质	页岩、非常细密，均质透水性差	

续表

项目	名称	推荐性指标	参考资料
地质条件	地震	0～1级地区（其他震级或烈度在4级以上应有防震、抗震措施）	
	地壳结构	距现有断层＞1600m	
自然地理条件	场址位置	高地、黏土盆地	
	地势	平地或平缓坡地、原则上地形的自然坡度不应大于5%	
	土壤层深度	＞100cm	
	土壤层结构	淤泥、沃土、黄黏土渗透系数$K＜10^{-7}$cm/s	GJJ 17
	土层排水	较畅通	
水文条件	排水条件	易于排水的地质及干燥地表	GJJ 17
	地表水影响	离河岸距离＞1000m	GB 3838—88标准 I－V类
	分隔距离	与湖泊、沼泽相距至少1000m，与河流相距至少600m	GB 3838—88
	地下水	地下水较深地区	GB/T 14848—93
	地下水水源	具有较深的基岩和不透水覆盖层厚＞2m	GB 5749—85 GB/T 14848—93
	水流方向	流向场址	
	距水源距离	距自备饮用水水源＞800m	
气象条件	降雨量	蒸发量超过降雨量10cm	
	暴风雨	发生率较低的地区	
	风力	具有较好的大气混合扩散作用风向下，白天人口不密集区	
交通条件	距离公用设施	＞25m	
	距离国家主要公路	＞300m	
	距离机场	＞10km	
资源条件	土地利用	与耕地、农田相距＞30m	GB 8172—87
	黏土资源	丰富、较丰富	
	人文环境条件	人口密度较低地区＞500m，离水源地＞10km	CJ 3020—93 GB 5749—85
	生态条件	生态价值低，不具有多样性、独特性的生态地区	
	使用年限	＞5年	

（2）焚烧技术

焚烧处理是一种深度氧化的化学过程，在高温火焰的作用下，焚烧设备内的生活垃圾经过烘干、引燃、焚烧3个阶段将其转化为残渣和气体，可经济有效地实现垃圾减量化、无害化。

焚烧是将垃圾进行人工拣选、破碎、分选等预处理，然后进入焚烧炉，在800~1000℃高温下使垃圾转化为化学性质稳定的无害化灰渣。焚烧工艺可使垃圾体积减小80%~95%，便于填埋处置，并能彻底消灭各种病原体。另外，通过焚烧工艺，可回收热资源。但并不是任何垃圾都可产生热能。发达国家垃圾热值（单位重量垃圾完全燃烧并使反应产物温度回到反应物起始温度时放出的热量）多在9000kJ/kg以上，而我国大多数垃圾热值仅为2000~4000kJ/kg，燃烧困难，有时不得不添加辅助燃料。垃圾焚烧可产生有害气体，特别如剧毒物二噁英类化合物（在炉膛温度<800℃时会大量产生）。焚烧设备投资大，运转成本高。

我国许多地区人口密度高，特别是东部沿海地区的许多城市，土地资源非常宝贵，焚烧处理已逐步发展成为这些地区生活垃圾处理的重要手段。随着我国经济的发展和人民生活水平的提高，农村生活垃圾中可燃物、易燃物的含量明显增加，气化率高的居住区生活垃圾热值已满足焚烧处理的基本要求，加强分区、分类收集将促进垃圾焚烧的应用。因此我国一些城市，特别是沿海经济发达地区已具备了发展焚烧技术的基础。近几年，有许多地区开始进行垃圾焚烧处理的基础研究和应用研究工作，开发了系列小型垃圾焚烧炉，并建成了一批中小型垃圾焚烧厂。

（3）堆肥技术

农村生活垃圾中有机组分含量高的垃圾，如厨余垃圾、瓜果皮、植物残体等，可采用堆肥法进行处理，主要包括好氧堆肥技术和新兴的太阳能堆肥技术等。

堆肥是将经分选后的有机垃圾或分类收集的有机垃圾，也有设计是针对混合生活垃圾，在发酵池或发酵场中堆积，采用机械搅拌，或强制通风或自然通风的方法使其高温发酵，杀灭病原体，有机物转化为稳定的腐殖质。堆肥技术的主要优点是稳定，时间较填埋法短，可为农业及城市园林绿化提供有机肥料；缺点是垃圾的有机物含量要求较高，操作过程较复杂，处理费用偏高。

垃圾堆肥处理技术在我国的应用目前还存在一些问题，如专用堆肥设备不过关；二次污染较严重（特别是恶臭）；堆肥过程升温不快，有的堆肥处理厂基本上达不到无害化温度要求和持续高温时间；堆肥腐熟周期偏长、肥效不高、重金属污染、产品质量低下等。特别是堆肥制品销售有一定风险。目前国内已建成的堆肥厂基本上都处于半停产、半运行状况。但堆肥处理在广大农业型地区仍然有一定的应用前景。

（4）热解技术

热解又称干馏、热分解或炭化，是指有机物在无氧或缺氧的状态下加热，使之分解的过程。即热解是利用有机物的热不稳定性，在无氧或缺氧的条件下，利用热能使化合物的化合键断裂，由大分子量的有机物转化为小分子量的可燃气体、液体燃料和焦炭的过程。产物主要是可燃的低分子化合物，气态的有H_2、CH_4、CO；液态的有甲醇、丙酮、醋酸、乙醛等有机物及焦油、溶剂油等；固态的主要有焦炭或炭黑。热解的产物是燃料气及燃料油可再生利用，且易于贮存和运输。

垃圾热解是将在隔绝或少量供给氧气的条件下，受热后分解为液体油、可燃气体和焦炭三种产品。热解燃料与生物质原料相比，具有能量密度高、易贮运等优点。

农村生活垃圾处理适用技术一览表　　　　　　　表4-3-6

适用技术		技术参数	适用范围
简易填埋处置技术		场址应选在工程地质条件稳定的地区，应远离村庄，应特别注意避开地质灾害容易发生的地区；垃圾中不允许混入包装类垃圾，应严格控制在5%以下	炉渣，建筑垃圾、灰土等惰性垃圾填埋
焚烧技术		搅动程度、垃圾含水率、温度和停留时间、燃烧室装填情况、维护和检修	经济条件好，技术先进，用地紧张的地区
热解技术			
好氧堆肥技术	简易（开放）式好氧堆肥资源化利用技术	堆肥腐熟程度根据其颜色、气味、秸秆硬度、堆肥浸出液、堆肥体积来判断。碳氮比：25:1；腐化系数为30%左右，堆肥的起始含水率：50%～60%；含氧量：5%～15%；密度：350～650公斤/立方米	农村生活有机垃圾的村庄集中堆肥或单个农户的庭院堆肥

适用技术		技术参数	适用范围
好氧堆肥技术	密闭式高温好氧堆肥资源化利用技术	改善垃圾颗粒间隙生态微环境的主要方法是控制堆体的碳氮比、含水率、温度、孔隙率等；碳氮比：25～40；含水率：40%～55%；含氧量：16%～18%；温度：55～65℃；pH值：6.5～7.5。通常一次发酵时间为7～15天，二次发酵时间为15～30天，整个堆肥周期为30～45天	有机垃圾处理处置规模较大时的农村集中式垃圾堆肥
	厌氧发酵沼气资源化技术	污泥浓度介于10～30gVSS/升之间，原液pH＝6～8，发酵过程有机酸浓度不超过3000毫克/升为佳（以乙酸计）。当池温在20℃以上时，产气率可达0.4立方米/立方米·天；当池温不低于15℃时，不低于0.15立方米/立方米·天	人畜禽粪、秸秆、有机污水、污泥等有机垃圾的集中处置

（三）村镇环境综合整治技术指导文件现状及评估

1 村镇环境综合整治技术指导文件现状

我国农村环境保护形势严峻，面临着农村生活污水、生活垃圾、畜禽养殖污染等诸多问题，农村环境污染已经成为制约农村经济社会发展的重要因素。近年来，我国对农村环境保护科学研究的支持力度逐年加大，尤其在污染治理技术和规范化管理方面取得了一定成效，制定实施了一批相关技术文件，为完善农村环保技术管理体系奠定了科研基础。

目前，我国关于农村环境保护综合治理技术指导文件体系，主要包含四个层次技术文件：第一层次是污染防治技术政策、污染防治最佳可行技术导则，包括《农村生活污染防治技术政策》、《农村生活污染最佳可行技术导则》、《畜禽养殖污染防治技术政策》、《畜禽养殖污染最佳可行技术导则》等；第二层次是环境污染防治工程、设施运营监督管理技术规范，包括《村庄整治技术规范》（GB 50445—2008）、《农村生活污染控制技术规范》（HJ 574—2010）、《畜禽养殖污染治理工程技术规范》（HJ 497—2009）、《畜禽养殖业污染防治技术规范》（HJ/T 81—2001）等；第三层次是环境工程技术标准类，《畜禽养殖业污染物排放标准》（GB 18596—2001）等；第四层次是管理办法类，《中央农村环境保护专项资金环境综合整治项目管理暂行办法》、《农村环境综合整治"以奖促治"项目环境成效评估办法（试行）》等（参见表4-3-7）。

全国农村环境综合整治技术指导文件体系　　　　表4-3-7

序号	类别	技术指导文件
1	环境污染防治技术政策（导则）类	《农村生活污染防治技术政策》《农村生活污染最佳可行技术导则》《畜禽养殖污染防治技术政策》《畜禽养殖污染最佳可行技术导则》等
2	环境污染防治技术规范类	《村庄整治技术规范》（GB 50445—2008）、《农村生活污染控制技术规范》（HJ 574—2010）、《畜禽养殖污染治理工程技术规范》（HJ 497—2009）《畜禽养殖业污染防治技术规范》（HJ/T 81—2001）等
3	污染物排放技术标准类	《畜禽养殖业污染物排放标准》（GB 18596—2001）、《福建地方标准-农村村庄生活污水排放标准》等
4	管理办法类	《中央农村环境保护专项资金环境综合整治项目管理暂行办法》《农村环境综合整治"以奖促治"项目环境成效评估办法（试行）》等

　　我国村镇环境综合整治技术大多借鉴城市环境污染治理模式，并针对农村区域特点进行改进，相关技术指导文件的出台，对于我国村镇地区的环境污染治理、生态环境保护起了重要作用。自2000年以来，针对农村生活污水、生活垃圾、畜禽养殖污染的治理，各级政府发布了多项技术指导文件，规范村镇环境综合治理。其中，"十五"期间发布的村镇环境综合整治技术指导文件主要包括：原国家环境保护总局发布了《畜禽养殖业污染物排放标准》（GB 18596—2001），规定了全国地区集约化畜禽养殖场和养殖区污染物的排放管理要求，以及这些建设项目环境影响评价等方面的内容；福建省发布了《<畜禽养殖污染防治管理办法>实施细则》（闽环保[2002]12号），明确了辖区内畜禽养殖污染及防治技术规范，从而以法律法规形式提出了畜禽养殖场管理要求；山东省发布了《畜禽养殖业污染物排放标准》（DB 37534—2005），规定了集约化畜禽养殖场（区）最高允许排水量、畜禽养殖业废渣无害化、恶臭气体的最高允许日均排放浓度、水污染物最高允许日均排放浓度等标准。"十一五"期间发布的村镇环境综合整治技术指导文件主要包括：2006年，农业部发布了《规模化畜禽养殖场沼气工程设计规范》（NY/T 1222—2006），对规模化畜禽养殖场沼气工程选址和总体布置、工艺、前处理、厌氧消化和后处理等进行了规定；2008

年，上海针对农村生活污水治理的地域性差异十分明显的问题，专门编制了适合上海市农村特点的《上海市农村生活污水处理技术指南》；住房和城乡建设部在2008年发布了《村庄整治技术规范》（GB 50445—2008），对村庄整治中的安全与防灾、给水设施、垃圾收集与处理等进行了规范，2010年组织编制了东北、华北、东南、中南、西南、西北六个地区的农村生活污水处理技术指南（2010年）。近年来相关部门发布的村镇环境综合整治技术主要包括：2011年，宁夏回族自治区发布了《农村生活垃圾处理技术规范》（DB64/T 701—2011）、《农村畜禽养殖污染防治技术规范》（DB64/T 702—2011）、《农村生活污水处理技术规范》（DB64/T 699—2011），对农村生活垃圾处理技术和模式、畜禽养殖废弃物处理模式与技术工艺、生活污水处理技术和工艺、运行管理维护等进行了规定。

2 村镇环境综合整治技术指导文件评估

（1）生活污水治理技术指导文件评估

1）国家层面

住房和城乡建设部、环境保护部等部门相继发布了农村生活污水处理技术文件，对农村生活污水处理原则、治理技术、污水处理设施与运营管理等方面进行了规定。

①农村生活污水处理技术指南

2010年住房和城乡建设部编制的技术指南分别从区域农村生活污水特征与排放要求、排水系统、农村生活污水处理技术、农村生活污水处理技术选择、农村生活污水处理设施的管理、工程实例六个方面给出了具体指导。

各地区农村生活污水处理技术指南在制定的过程中充分考虑了不同区域的农村地区的差异性特征。其中，《东北地区农村生活污水处理技术指南（试行）》涉及的范围主要包括黑龙江省、吉林省、辽宁省和内蒙古自治区大部等。技术指南主要考虑了本地区农村环境的以下特征：该区域的农村村落规模通常较小，村落间的距离较远；由于地区差异，各地经济发展水平不同；地理、气候与经济发展特征决定冬季低温是影响农村污水处理技术效能的重要因素。

《华北地区农村生活污水处理技术指南（试行）》涉及的范围主要包括北京市、天津市、河北省、山西省、山东省大部、河南省北部和内蒙古自治区局部地区。技术指南主要考虑了本地区农村环境的以下特征：该地区属严重缺水地区，应实现污水处理与资源化利用结合；为避免污染地下水和地表水，对寒冷地区农村生活污水的处理工艺，采用保温措施，保障污水处理设施在冬季正常运行，在黄、淮、海重点流域采取污水拦截技术，减少入河污染物总量。

《东南地区农村生活污水处理技术指南（试行）》涉及的范围主要包括江苏省、上海市、浙江省、福建省、广东省、海南省、山东省南部地区等。技术指南主要考虑了本地区农村环境的以下特征：该地区水系发达、河网、湖泊密布、河流纵横交错，是国家划定的流域污染控制重点区域；目前，江苏、上海、浙江和广东的部分地区已经开展了农村生活污水治理工作，取得了一定的成效；东南地区经济发达，区域内人口密度大，可用作污水处理的土地有限。

《中南地区农村生活污水处理技术指南（试行）》涉及的范围主要包括：河南、湖北、湖南、安徽和江西。技术指南主要考虑了本地区农村环境的以下特征：地形地貌复杂，包括山地、丘陵、岗地和平原等，湖泊多，河流交错纵横。区域内农村人口数量、村镇数目、人口密度较大，很多行政村位于重要水系流域（如淮河、巢湖、鄱阳湖、洞庭湖等），大量未经任何处理的农村生活污水直排，对水环境影响较大。该地区经济总量在全国处于中等偏下水平，区域内经济发展不平衡，农民生活方式、生活水平差异较大。

《西南地区农村生活污水处理技术指南（试行）》涉及的范围主要包括：四川省、云南省、贵州省、重庆市、广西壮族自治区和西藏自治区部分地区。技术指南主要考虑了本地区农村环境的以下特征：地跨全国地势第一、二阶梯，地形复杂，以丘陵、山地、高原和平原为主。气候类型多样，大部分地区属于亚热带、热带季风气候。地区经济在全国处于中下水平，农村人口众多，少数民族众多，是我国少数民族聚集集中的地区。

《西北地区农村生活污水处理技术指南（试行）》涉及的范围主要包括：陕西省、甘肃省、青海省、宁夏回族自治区、新疆维吾尔自治区和内蒙古西部。技术指南主要考虑了本地区农村环境的以下特征：该地区气候特征属于内陆干旱半干旱区，年平均雨量少，蒸发量大。该区域国土面积较大，农村人口数量多，且居住分散，农村经济基础薄弱，污水处理配套设施和处理能力较落后。

在农村生活污水处理技术的选择上，根据各区域差异性特征选取了化粪池、厌氧生物膜池、污水净化沼气池、普通曝气池、序批式生物反应器、氧化沟、生物接触氧化法、土地渗滤/土地处理、人工湿地、稳定塘、生态滤池、生物浮岛等技术，其中各区域的农村生活处理技术详见表4-3-8。

各地区农村生活污水处理技术汇总表　　　　　表4-3-8

技术类型	东北地区	华北地区	东南地区	中南地区	西南地区	西北地区
化粪池	√	√	√	√	√	√
厌氧生物膜池	√		√	√		√
污水净化沼气池		√	√		√	√
普通曝气池		√				
序批式生物反应器		√				
氧化沟		√	√	√	√	√
生物接触氧化法	√	√	√	√	√	√
土地渗滤/土地处理	√	√	√	√	√	√
人工湿地	√	√	√	√	√	√
稳定塘	√	√		√		√
生态滤池			√		√	
生物浮岛				√		

②农村生活污水处理项目建设与投资技术指南

《农村生活污水处理项目建设与投资技术指南》是为防治污染、保护环境、指导农村环境整治工作而制定的，可作为农村环境连片整治项目建设与投资的参考依据。

该技术指南根据人口聚集程度、农村社会经济发展情况、污水排放基础设施建设情况等提出了不同的农村生活污水收集及处理技术模式，并分别给出了农村生活污水收集项目、集中处理项目和分散处理项目的建设内容和投资估算。其中，农村生活污水收集项目主要包括入户管、收集支管、收集干管、含人工格栅和含机械格栅等建设内容及其投资估算。农村生活污水集中处理项主要包括农村集中污水处理厂（站）、大型人工湿地和污泥处理处置等建设内容及其投资估算。农村生活污水分散处理项目主要包括小型人工湿地、土地处理、稳定塘、净化沼气池、小型一体化污水处理装置等建设内容及其投资估算。

③农村生活污染防治技术政策

《农村生活污水防治技术政策》适用于指导农村居民日常生活中产生的生活污水污染防治的规划和设施建设，并明确了地方人民政府是农村生活污水处理处置设施规划和建设的责任主体。同时对人口密集、经济发达并且建有污水排放基础设施的农村，人口相对分散、干旱半干旱地区、经济欠发达的农村，分散居住的农户等情况给出了生活污水处理的具体模式。

④村庄整治技术规范

《村庄整治技术规范》（GB 50445—2008）对农村生活污水排水设施、排水收集系统、污水处理设施及其运行维护技术等方面给出了具体规定。其中，从雨污合流、雨污分流、有（无）条件纳入城镇污水处理厂等方面对农村生活污水排水设施与排水收集系统建设做出了具体规定；从生活污水处理技术、排水标准等方面对农村生活污水处理设施建设做出了具体规定；从农村生活污水处理设施验收、运行与管理、操作人员培训等方面对农村生活污水处理设施运营维护做出了具体规定。

⑤农村生活污染控制技术规范

《农村生活污染控制技术规范》（HJ 574—2010）是为指导农村生活污染控制工作，改善农村环境质量，促进新农村建设而制定的，规定了农村生活污染控制的技术要求，适用于指导农村生活污染控制的监督与管理。

对于农村生活污水控制，从黑水和灰水分类治理等方面提出了源头控制技术；从户用沼气建设内容、注意事项、沼液沼渣处理要求等方面规范了户用沼气池技术；主要介绍了人工湿地、土地处理、稳定塘、净化沼气池、小型污水处理装置等低能耗分散式污水处理技术和传统活性污泥法、氧化沟、生物接触氧化法等集中污水处理技术，并对集中污水处理技术污泥处理提出了具体要求等。

⑥村镇生活污染控制技术规范

《村镇生活污染控制技术规范》适用于全国范围的村庄（自然村、中心村）和集镇（一般镇、中心镇）的生活污水控制。

该技术规范从减少投资和运行费用、污泥的处理处置等方面介绍了污水集中处理技术，从人工湿地、土地处理、稳定塘的设计注意事项与适用条件等方面介绍了自然处理技术，从沼气净化池、小型污水处理装置（地埋式）、沼气池等方面介绍了分散污水处理技术，并根据污水去向规定了村镇生活污水排放标准。

2）地方层面

为防止农村生活污水直接排放引起环境污染，切实改善农村居民生活条件，改变农村村容村貌，规范农村生活污水处理设施设计、建设和运行管理，福建、宁夏、湖北等部分省（自治区、直辖市）编制了农村生活污水治理技术文件，指导本辖区开展农村环境综合整治工作。各地农村生活污水处理技术文件主要存在以下几方面的异同：

①大多数农村生活污水治理技术文件对农村生活污水处理原则、出水水质和排放要求、排水体制、收集管网、农村生活污水处理技术选取等方面进行了规定。

②在农村生活污水处理技术选取方面，从技术适用范围、工艺流程、技术原理、技术指标、投资估算等方面进行了介绍。

③在农村生活污水排水体制方面，福建、江苏、河南等提出了雨污合流制、雨污分流制的处理方式，并对合流制、分流制具体适用条件进行了规定。对雨水管道、污水管道的铺设条件，管径的选择等方面做出了具体要求。

④在农村生活污水处理设施建设与维护管理方面，除江苏和福建外，其他省份尚未对其进行规范，只在农村生活污水处理技术中对各类技术的运营管理进行了界定。

其中，江苏农村生活污水处理技术指南从管网建设、人工湿地填料、植物的选择与搭配等方面进行了规定。福建省农村生活污水处理技术指南从污水水质检测、排水系统的维护与管理、散户污水处理设施管理与污水站管理等方面对污水处理设施的运行、维护与管理进行了规定。

（2）生活垃圾治理技术指导文件评估

1）国家层面

环境保护部、国家发展改革委、住房和城乡建设部等部门发布了相关农村生活垃圾处理技术文件，对农村生活垃圾分类与减量、收集与运输、处理处置等方面进行了规定。

①农村生活垃圾分类、收运和处理项目建设与投资技术指南

《农村生活垃圾分类、收运和处理项目建设与投资技术指南（征求意见稿）》可作为农村生活垃圾分类、收运和处理项目建设与投资的重要参考依据，是供各级环境保护部门、规划和设计单位以及有关用户使用的指导性技术文件。

该技术指南介绍了城乡一体化处理模式、集中式处理模式、分散式处理模式等农村生活垃圾处理模式，从建设内容与投资估算等方面介绍了农村生活垃圾分类、收集、转运、堆肥与资源化处理。

②农村生活污染控制技术规范

《农村生活污染控制技术规范》（HJ 574—2010）从农村生活垃圾分类收集、运输处理模式等方面介绍了农村生活垃圾收集与转运；主要从填埋处理和堆肥处理两个方面介绍了农村生活垃圾处理工艺，其中从填埋场建设注意事项、防渗处理措施等方面介绍垃圾填埋工艺；从堆肥技术规范、不同经济条件堆肥场建设标准等方面对堆肥处理工艺进行了规范。

③农村生活污染防治技术政策

《农村生活污染防治技术政策》对农村生活污染防治技术政策的目的、污染防治目标、污染防治的技术路线、原则和措施等做了详细的阐述。

其中对农村生活垃圾做了以下规定：鼓励生活垃圾分类收集，设置垃圾分类收集容器。对金属、玻璃、塑料等垃圾进行回收利用；危险废物应单独收集处理处置。禁止农村垃圾随意丢弃、堆放、焚烧。城镇周边和环

境敏感区的农村，在分类收集、减量化的基础上可通过"户分类、村收集、镇转运、县市处理"的城乡一体化模式处理处置生活垃圾。对无法纳入城镇垃圾处理系统的农村生活垃圾，应选择经济、适用、安全的处理处置技术，在分类收集基础上，采用无机垃圾填埋处理、有机垃圾堆肥处理等技术。砖瓦、渣土、清扫灰等无机垃圾，可作为农村废弃坑塘填埋、道路垫土等材料使用。有机垃圾宜与秸秆、稻草等农业废物混合进行静态堆肥处理，或与粪便、污水处理产生的污泥及沼渣等混合堆肥；亦可混入粪便，进入户用、联户沼气池厌氧发酵。

④村庄整治技术规范

《村庄整治技术规范》（GB 50445—2008）对农村生活垃圾处理原则、垃圾收集与运输以及垃圾处理等方面进行了规定。

其中，对农村生活垃圾收集点的设置、卫生保护措施以及运输过程的注意事项等进行了规定；从垃圾的源头分类处理、集中堆肥处理、沼气池等介绍了农村生活垃圾的处理方式。

⑤村镇生活污染控制技术规范

《村镇生活污染控制技术规范》从填埋处理、堆肥处理方面介绍了村镇生活垃圾处理工艺以及村镇垃圾填埋标准等。

2）地方层面

目前，除广东、宁夏等省区外，其他省份尚未制定农村生活垃圾处理技术文件。各地农村生活垃圾处理技术指导文件有待进一步建立。

①宁夏

宁夏回族自治区《农村生活垃圾处理技术规范》规定了农村生活垃圾处理的术语和定义、处理模式和处理技术。

本标准从城乡一体化处理模式、集中式处理模式和分散式处理模式三个方面介绍了农村生活垃圾处理的主要技术模式；从农村生活垃圾收集工具与转运设施建设标准、场址选择、辅助工程、运行管理等介绍了农村生活垃圾处理技术；从农村垃圾填埋场的选址要求、防渗工艺、规模、平面布置、辅助工程、工艺设计、运行管理等方面对农村生活垃圾填埋技术进行了规定；从堆肥场的建设标准、场址选择、平面布置、辅助工程、工艺设计与运行管理等方面对农村生活垃圾堆肥技术进行了规定；从厌氧发酵厂的设施建设标准、场地选择、辅助工程、工艺设计与运行管理等方面对农村生活垃圾厌氧发酵产沼技术进行了规定。

②广东

《农村生活垃圾收运处理技术指引》将全省农村生活垃圾设施的建设标准分为甲、乙、丙三级，依据城镇化情况、居住人口集中情况、地理位置等将村镇划分为Ⅰ、Ⅱ、Ⅲ三种类型。在农村生活垃圾收运处理建设方面，依据农村生活垃圾建设标准和村镇类型提出了农村生活垃圾收运处理系统分类建设标准。

（3）畜禽养殖污染治理技术指导文件评估

1）国家层面

环境保护部、农业部、住房和城乡建设部等部门发布了相关畜禽养殖污染物处理技术指导文件，对畜禽养殖污染物排放、布局选址、工程技术规范等进行了规定。

①畜禽养殖业污染物排放标准

《畜禽养殖业污染物排放标准》（GB 18596—2001）用于全国集约化畜禽养殖场和养殖区污染物的排放管理，以及这些建设项目环境影响评价、环境保护设施设计、竣工验收及其投产后的排放管理。根据养殖规模，分阶段逐步控制，鼓励种养结合和生态养殖，逐步实现全国养殖业的合理布局。

根据畜禽养殖业污染物排放的特点，本标准规定的污染物控制项目包括生化指标、卫生学指标和感观指标等。为推动畜禽养殖业污染物的减量化、无害化和资源化，本标准规定了废水、恶臭排放标准和废渣无害化环境标准。本标准按集约化畜禽养殖业的不同规模分别规定了水污染物、恶臭气体的最高允许日均排放浓度、最高允许排水量，畜禽养殖业废渣无害化环境标准。

②畜禽养殖污染防治管理办法

为防治畜禽养殖污染，保护环境，保障人体健康，根据环境保护法律、法规的有关规定，制定《畜禽养殖污染防治管理办法》。

该管理办法对畜禽养殖污染防治主体，新建、改建和扩建畜禽养殖场与污染防治设施建设要求，禁养区的划定，畜禽养殖场污染物排放标准与废弃物综合利用，畜禽废渣运输注意事项以及相关的处罚标准等进行了规定。

③畜禽养殖业污染防治技术政策

《畜禽养殖业污染防治技术政策》规定了畜禽污染防治的原则、清洁养殖与废弃物收集、废弃物无害化处理与综合利用、畜禽养殖废水处理、畜禽养殖空气污染防治、畜禽养殖二次污染防治、鼓励开发应用的新技术以及设施的建设、运行和监督管理等方面的相关内容。

④农业固体废物污染控制技术导则

《农业固体废物污染控制技术导则》规定了农业植物性废物、畜禽养殖废物和农用薄膜等三种农业固体废物污染控制的原则、技术措施和管理措施等相关内容。

该文件对畜禽养殖产生的固体废弃物污染控制管理做了以下几方面的规定：从推动小规模、散养畜禽养殖向适度规模化、集约化生态养殖模式与生态农业模式结合等方面介绍了减量化技术；从高温好氧堆肥、沼气生产等生物处理和利用方式等方面介绍了资源化技术模式；从避免人畜混居、推广养殖粪便废水处理及重复利用技术方面介绍了畜禽养殖污染控制管理措施。

⑤畜禽养殖业污染防治技术规范

《畜禽养殖业污染防治技术规范》（HJ/T 81—2001）规定了畜禽养殖场的选址要求、场区布局与清粪工艺、畜禽粪便贮存、污水处理、固体粪肥的处理利用、饲料和饲养管理、病死畜禽尸体处理与处置、污染物监测等污染防治的基本技术要求。

该技术规范从禁养区划定、新建改建与扩建畜禽养殖场址的建设注意事项等方面对畜禽养殖场址选择进行了规定；从养殖场的排水系统、新建改建与扩建的畜禽养殖场的粪便技术措施等方面对畜禽养殖场区布局与清粪工艺进行了规定；从畜禽养殖场畜禽粪便的贮存设施应远离各类功能地表水体，采取有效的防渗工艺，设置防雨水措施等方面对畜禽粪便的贮存设施进行了规定；同时对畜禽养殖污水、固体粪肥的处理应用等进行了规定。

⑥畜禽养殖污染治理工程技术规范

《畜禽养殖污染治理工程技术规范》（HJ 497—2009）以我国当前的污

染物排放标准和污染控制技术为基础，规定了畜禽养殖业污染治理工程设计、施工、验收和运行维护的技术要求与集约化畜禽养殖场（区）污染治理工程设计、施工、验收和运行维护的技术要求。

⑦规模化畜禽养殖场沼气工程设计规范

《规模化畜禽养殖场沼气工程设计规范》（NY/T 1222—2006）规定了规模化畜禽养殖场沼气工程的设计范围、原则以及主要参数选取等。

该技术规范适用于新建、改建和扩建的规模化畜禽养殖场沼气工程（参见NY/T 667—2003）的设计。畜禽养殖区沼气工程的设计可参照执行。本规范主要介绍了工程选址和总体布置、工艺、前处理、厌氧消化和后处理等内容。

⑧农村生活污水防治技术政策

《农村生活污染防治技术政策》适用于指导农村居民日常生活中产生的生活污水、生活垃圾、粪便和废气等生活污染防治的规划和设施建设。本政策对农村生活污染防治技术政策的目的、污染防治目标、污染防治的技术路线、原则和措施等做了详细的阐述。

其中对畜禽养殖业污染防治做了以下规定：小规模畜禽散养户应实现人畜分离。鼓励采用沼气池处理人畜粪便，并实施"一池三改"，推广"四位一体"等农业生态模式等。

⑨村镇生活污染防治技术政策

《村镇生活污染防治技术政策》对畜禽养殖业污染防治做了以下规定：合理配置房屋结构，厨房、畜禽舍、厕所与居室应分隔而建，防止厨房产生的煤烟和烹调油烟进入居室，防止畜禽舍、厕所的臭味等进入居室。以家庭为单位的畜禽养殖应逐步实现人畜分离，未实现人畜分离的畜禽粪便鼓励采用沼气池处理，同时实施"一池三改"，改善家庭环境卫生条件，形成"猪－沼－果"等农业生态模式等。

⑩村镇生活污染控制规范

《村镇生活污染控制技术规范》规定了村镇生活污染的处理原则和技术政策，阐释了产生村镇生活污染的主要来源，详细制定了相应的控制技术和管理措施。标准内容主要包括防治村镇生活污染的技术原则、村镇生活污水污染控制、村镇生活垃圾污染控制、村镇农业废弃物污染控制、村镇空气污染控制、村镇生活污染管理措施和施工与验收等。

其中对畜禽养殖业污染防治做了以下规定：规模化养殖场，畜禽粪尿可采用厌氧发酵、堆肥处理和饲料加工。结合可再生能源利用，鼓励采用厌氧发酵产沼气技术。小规模养殖场和家庭养殖，畜禽粪尿宜采用沼气池或堆肥处理，沼液、沼渣或堆肥产物可就地农田施用。严格控制家庭散养畜禽数量，提倡适度规模化养殖。做好散养畜禽卫生防疫工作，预防生态污染和疾病传播等。

⑪农村生活污染控制技术规范

《农村生活污染控制技术规范》（HJ 574—2010）规定了农村生活污染控制的技术要求，主要内容为农村生活污水污染控制、农村生活垃圾污染控制、农村空气污染控制和农村生活污染监督管理措施等。

其中对规模化畜禽养殖做了以下规定：小规模畜禽散养户应实现人畜分离，沼气池建造应结合改圈、改厕、改厨；人畜粪便自流入池，也可采用沼液冲洗入池。采用水冲洗粪便，沼液应有消纳用地。积极开展农村生活污水和垃圾治理、畜禽养殖污染治理等示范工程，解决农村突出的环境问题。以生态示范创建为载体，积极推进农村环境保护。提倡圈养、适度规模化养殖。做好散养畜禽卫生防疫工作，对疾病死亡的家禽、牲畜，应严格按照动物防疫要求执行等。

2）地方层面

为加强畜禽养殖污染防治，浙江、宁夏、广东等省区相继制定了畜禽养殖污染防治技术指导文件。

①浙江

《浙江省畜禽养殖业污染物排放标准》规定了集约化畜禽养殖场、集约化畜禽养殖区最高允许排水量，水污染物、恶臭气体最高允许日均排放浓度，以及畜禽养殖业废渣无害化环境标准。

②广东

《广东省畜禽养殖业污染物排放标准》规定了集约化畜禽养殖场、集约化畜禽养殖区最高允许排水量，水污染物、恶臭气体最高允许日均排放浓度，以及畜禽养殖业废渣无害化环境标准。标准对于广东省集约化畜禽养殖场和养殖区污染物的排放管理，环境保护设施设计、竣工验收及其投产后的排放管理等方面有相应的规定。

③宁夏

《农村畜禽养殖污染防治技术规范》规定了农村畜禽养殖污染防治的总体要求、废弃物处理的场址及布局要求、粪污处理模式与工艺选择以及排放要求。对污染治理工艺选择和处理设施建设有明确规定，并结合地区生产生活特点，介绍了应采取的治理技术及其参数和运行管理费用等细则。

我国农村生活污水、农村生活垃圾、畜禽养殖污染防治技术指导文件及适用条件汇总见下表。

全国村镇环境综合整治技术文件汇总 表4-3-9

类别	序号	技术文件名称	适用条件
农村生活污水	1	《农村生活污染防治技术政策》（环发〔2010〕20号）	适用于农村居民日常生活中产生的生活污水等生活污染防治的规划和设施建设
	2	《村庄整治技术规范》（GB 50445—2008）	适用于人口在一万人以下的乡镇、行政村和自然村的生活污染防治及环境管理。可作为村镇生活污水等治理设施环境影响评价、工程设计、工程验收以及运营管理等环节的技术依据
	3	《农村生活污染控制技术规范》（HJ 574—2010）	适用于全国范围的村庄（基层村、中心村）和集镇（一般镇、中心镇）的生活污染控制，县城以外的建制镇亦可参照本标准执行
	4	《东北地区农村生活污水处理技术指南（试行）》	指南作为农村污水处理的技术指导，是可供住房城乡建设部门、设计单位、农村基层组织和其他农村用户使用的农村污水治理指导性技术文件
	5	《华北地区农村生活污水处理技术指南（试行）》	指南作为农村污水处理的技术指导，是可供住房城乡建设部门、设计单位、农村基层组织和其他农村用户使用的农村污水治理指导性技术文件
	6	《东南地区农村生活污水处理技术指南（试行）》	指南作为农村污水处理的技术指导，是可供住房城乡建设部门、设计单位、农村基层组织和其他农村用户使用的农村污水治理指导性技术文件
	7	《中南地区农村生活污水处理技术指南（试行）》	指南作为农村污水处理的技术指导，是可供住房城乡建设部门、设计单位、农村基层组织和其他农村用户使用的农村污水治理指导性技术文件
	8	《西南地区农村生活污水处理技术指南（试行）》	指南作为农村污水处理的技术指导，是可供住房城乡建设部门、设计单位、农村基层组织和其他农村用户使用的农村污水治理指导性技术文件

类别	序号	技术文件名称	适用条件
农村生活污水	9	《西北地区农村生活污水处理技术指南（试行）》	指南作为农村污水处理的技术指导，是可供住房城乡建设部门、设计单位、农村基层组织和其他农村用户使用的农村污水治理指导性技术文件
	10	《农村村庄生活污水排放标准》（DB64/T 700—2011）	适用于农村生活污水处理设施水污染物的排放管理
	11	《上海市农村生活污水处理技术指南》	用以指导和规范农村生活污水治理实践
	12	《河南省农村环境综合整治生活污水处理适用技术指南（试行）》	指南针对河南省农村环境综合整治中生活污水处理部分进行技术指导，供环境保护部门、设计单位、农村基层组织和其他农村用户使用
	13	《福建省农村生活污水处理技术指南》	指南可供住房城乡建，可供住房城乡建设部门、设计单位、农村基层组织和其他农村用户使的污水治理指导性技术文件
	14	《湖北省农村生活污水处理适用技术指南》	供有关部门和各级农村基层组织参考使用
	15	《农村生活污水处理适用技术指南》(江苏省建设厅）	指南主要内容包括：农村生活污水排放的基本情况、农村生活污水处理、排水系统、农村生活污水处理技术简介、建设与维护管理控制要点、工程应用实例
	16	《农村生活污水处理技术规范》（DB64/T 699—2011）	指南可作为环境行政管理部门、设计单位、农村基层组织和其他农村用水户生活污水处理的技术指导文件
	17	《宁夏回族自治区农村生活污水处理技术指南》	指南可作为环境行政管理部门、设计单位、农村基层组织和其他农村用水户生活污水处理的技术指导文件
农村生活垃圾	1	《农村生活污染防治技术政策》（环发［2010］20号）	农村居民日常生活中产生的生活垃圾等生活污染防治的规划和设施建设
	2	《村庄整治技术规范》（GB 50445—2008）	适用于人口在一万人以下的乡镇、行政村和自然村的生活污染防治及环境管理。可作为村镇固体废物等治理设施环境影响评价、工程设计、工程验收以及运营管理等环节的技术依据
	3	《农村生活污染控制技术规范》（HJ 574—2010）	适用于全国范围的村庄（基层村、中心村）和集镇（一般镇、中心镇）的生活污染控制，县城以外的建制镇亦可参照本标准执行
	4	《生活垃圾处理技术指南》（建城［2010］61号）	本指南主要对生活垃圾分类与减量、生活垃圾收集与运输、生活垃圾处理与处置、卫生填埋和焚烧处理等生活垃圾处理技术的适用性、卫生填埋场和焚烧厂等生活垃圾处理设施建设技术要求、卫生填埋场和焚烧厂等生活垃圾处理设施运行监管要求做了规定和说明

类别	序号	技术文件名称	适用条件
农村生活垃圾	5	《农村生活垃圾处理技术规范》（DB64/T 701—2011）（宁夏回族自治区）	适用于农村生活垃圾处理工程的规划、立项、选址、设计、施工、验收及建成后的运行与管理
	6	《江西省农村垃圾无害化处理操作指南（试行）》赣清洁办字[2009]8号	适用于指导江西省农村垃圾无害化处理
	7	《广东省农村生活垃圾收运处理技术指引》	适用于全省范围农村生活垃圾收集、运输和统一处理系统的应用，是农村生活垃圾收运处理体系建设的技术指导文件
	8	《恩施州农村生活垃圾处理技术指南》（恩州环办发〔2010〕51号）	指导该州各地选择适宜的生活垃圾处理技术路线，有序开展生活垃圾处理设施建设
畜禽养殖业污染防治	1	《农村生活污染防治技术政策》（环发〔2010〕20号）	农村居民日常生活中产生的粪便等生活污染防治的规划和设施建设
	2	《村庄整治技术规范》（GB 50445—2008）	适用于人口在一万人以下的乡镇、行政村和自然村的生活污染防治及环境管理。可作为村镇固体废物等治理设施环境影响评价、工程设计、工程验收以及运营管理等环节的技术依据
	3	《农村生活污染控制技术规范》（HJ 574—2010）	适用于全国范围的村庄（基层村、中心村）和集镇（一般镇、中心镇）的生活污染控制，县城以外的建制镇亦可参照本标准执行
	4	《畜禽养殖业污染物排放标准》（GB 18596—2001）	适用于集约化、规模化的畜禽养殖场和养殖区，不适用于畜禽散养户
	5	《畜禽养殖污染防治管理办法》	适用于中华人民共和国境内畜禽养殖场的污染防治
	6	《畜禽养殖业污染防治技术政策》（环发[2010]151号）	适用于中华人民共和国境内畜禽养殖业防治环境污染，可作为编制畜禽养殖污染防治规划、环境影响评价报告和最佳可行技术指南、工程技术规范及相关标准等的依据，指导畜禽养殖污染防治技术的开发、推广和应用
	7	《农业固体废物污染控制技术导则》（HJ 588—2010）	适用于指导农业种植、畜禽养殖等产生的固体废物污染控制管理，实现农业固体废物资源化、减量化、无害化
	8	《畜禽养殖业污染防治技术规范》（HJ/T 81—2001）	规定了畜禽养殖场的选址要求、场区布局与清粪工艺、畜禽粪便贮存、污水处理、固体粪肥的处理利用、饲料和饲养管理、病死畜禽尸体处理与处置、污染物监测等污染防治的基本技术要求
	9	《畜禽养殖业污染治理工程技术规范》（HJ 497—2009）	适用于集约化畜禽养殖场（区）的新建、改建和扩建污染治理工程从设计、施工到验收、运行的全过程管理和已建污染治理工程的运行管理，可作为环境影响评价、设计、施工、环境保护验收及建成后运行与管理的技术依据

类别	序号	技术文件名称	适用条件
畜禽养殖业污染防治	10	《规模化畜禽养殖场沼气工程设计规范》（NY/T 1222—2006）	适用于新建、改建和扩建的规模化畜禽养殖场沼气工程（参见NY/T 667—2003）的设计。畜禽养殖区沼气工程的设计可参照执行
	11	《浙江省畜禽养殖业污染物排放标准》	适用于浙江省集约化畜禽养殖场和养殖区污染物的排放管理，以及建设项目环境影响评价、环境保护设施设计、竣工验收及其投产后的排放管理
	12	《广东省畜禽养殖业污染物排放标准》（DB 44/613—2009）	适用于广东省集约化畜禽养殖场和养殖区污染物的排放管理，以及建设项目环境影响评价、环境保护设施设计、竣工验收及其投产后的排放管理
	13	《山东省畜禽养殖业污染物排放标准》（DB 37534—2005）	适用于山东省规模化、集约化畜禽养殖场和养殖区污染物的排放管理，以及建设项目环境影响评价、环境保护设施设计、竣工验收及其投产后的排放管理
	14	《浙江省畜禽养殖场养殖小区备案与养殖档案管理办法》（浙政办发〔2010〕42号）	加强畜禽养殖场、养殖小区管理，推进畜牧业规范化、标准化建设
	15	《福建省畜禽养殖场、养殖小区备案管理办法》（闽政办〔2007〕231号）	为了规范畜牧业生产经营活动，加强畜禽养殖场、养殖小区管理
	16	《福建省<畜禽养殖污染防治管理办法>实施细则》（闽环保然〔2002〕12号）	适用于福建省辖区内畜禽养殖场的污染防治
	17	《辽宁省畜禽养殖场和养殖小区备案管理办法》	管理办法进一步规范畜牧业生产行为，加快推进畜牧业生产方式转变，保障畜产品质量安全，维护畜牧业生产经营者的合法权益，促进畜牧业持续健康发展
	18	《农村畜禽养殖污染防治技术规范》（DB64/T 702—2011）（宁夏回族自治区）	适用于农村畜禽养殖场（小区、户）（存栏≥10头奶牛单位）污染治理工艺选择和处理设施建设
	19	《阜新市畜禽养殖污染防治管理办法》（阜新市人民政府令第90号）	规定了本市行政区域内畜禽养殖污染防治管理
	20	《杭州市畜禽养殖污染防治管理办法》（杭州市人民政府令第225号）	规定了本市行政区域内畜禽养殖污染防治管理
	21	《淮南市畜禽养殖污染防治管理办法》（淮南市人民政府令第134号）	规定了本市行政区域内畜禽养殖污染防治管理
	22	《无锡市畜禽养殖污染防治管理办法》（无锡市人民政府令第108号）	规定了本市行政区域内畜禽养殖污染防治管理

（四）我国村镇环境基础设施建设及运行管理政策现状

1　现行村镇环境法律法规

随着社会的发展，环境保护行政主管部门已经意识到农村环境保护的重要性，并出台了相应的政府文件。2007年5月国家环境保护总局发布了《关于加强农村环境保护工作的意见》的环发〔2007〕77号文件，从各个方面关注农村环境保护工作，其中对农村生活垃圾的管理作为一个亟待解决问题予以明确提出。2006年9月21日湖南省人民政府办公厅转发了省环保局等单位《关于做好农村环境保护工作意见的通知》的湘政办发〔2006〕43号文件，作为湖南省政府实施农村环境保护一个重要举措要求各主管部门予以实施。其分析了当前湖南农村环境保护的形势，提出了总体思想和工作目标，并明确了主要任务和具体措施。农村生活垃圾的管理作为重要任务的一个方面得到了肯定。

但目前我国农村环境保护的法律法规很不健全，多个方面都存在无法可依的现象。农村环保工作主要还是通过行政手段去推进，手段不硬是制约我国农村环保工作进一步深入开展的原因之一。作为我国的农业根本大法，《中华人民共和国农业法》涉及农村生活的各个方面，该法第八章规定了农业资源与农业环境保护。通览全章都是以农业生产，资源和环境保护为内容，却未提及农村生活垃圾的管理。在环境保护的法律法规上，《中华人民共和国环境保护法》对农村环境问题的规定少之又少。该法第二十条规定各级人民政府应当加强对农业环境的保护，防治土壤污染、土地沙化、盐渍化、贫瘠化、沼泽化、地面沉降和防治植被破坏、水土流失、水源枯竭、种源灭绝以及其他生态失调现象的发生和发展，推广植物病虫害的综合防治，合理使用化肥、农药及植物生长激素。该条规定过于宽泛且内容简单，无具体实施的可行性。《中华人民共和国固体废物污染环境防治法》也主要是针对城市垃圾管理的问题。比如对生活垃圾的处理主体的规定多是县级以上人民政府、城市人民政府等。而且对农村固体废弃物管理仅有的几条规定农村生活垃圾管理法律制度研究也只限定在农业生产上。该法第四十九条规定：农村生活垃圾污染环境防治的具体办法，由地方性法规规定。农村生活垃圾管理法律制度的完善是一个系统的过程，需要各个方面法律制度的共同作用，解决"三农"问题将是农村生活垃圾管理法律制度建立的关键。需要国家在相关法律制度的建立上加大对"三农"问题的关注，在法律制度上解决城乡二元体制，进而解决农村生活垃圾管理法律制度问题。

在法规层面上，目前地方性的行政法规对固体废弃物的管理已经作出规定的是浙江和江苏两省，江西省的相关规定也正处在征求意见稿的阶段。在已有的两省的《固体废物污染防治条例》中加大了对农村环境问题的关注，对农村生活垃圾的管理也有相应规定。比如两省都规定了"人民政府应当建立和完善农村生活垃圾组保洁、村收集、乡（镇）转运、县（市、区）集中处置的机制，对农村生活垃圾的清扫、收集、运输和处置给予财政补助和支持。乡（镇）人民政府应当加强对农村生活垃圾清扫、收集、转运的组织实施工作。"虽然对农村生活垃圾的管理有了一些思路，但是总体上实施起来的仍然比较少，还需要不断加强完善。《湖南省环境保护条例》也难逃《环境法》的窠臼，对农村环境保护方面的内容几乎难觅其踪。

综上所述，在我国的环境法体系中，较高层次的立法层面上缺乏对农村环境保护的关注。虽然是该层次法律的特点决定的，但是也应予以相应的重视。省一级的行政法规虽然有所涉及，但仅限于个别发达地区。而且也只是个别条文的概述，没有具体的可操作性。对农村生活垃圾管理涉及较多的则是相关的行政文件，但由于效力较低等固有原因，具体的实施还存在不少的障碍。

2 现行村镇环境投入机制

经过三十余年的努力，我国已经初步建立了社会主义市场经济的框架。但是，一个适应市场经济的环境保护体制还没有建立起来，尤其是现行的环境保护投入机制已经很难适应环境保护投资的空前需求。在新的市场经济体制下，在合理划分各投资主体的环境事权基础上，应明确中央和地方、政府和企业的环保投资权责关系，逐步加快向投资主体的多元化、融资渠道的多样性、资金管理的金融性和资金使用的有偿性迈进，建立一个与市场经济相适应的环境保护投入体制。

（1）现行的环境保护投资机制

在计划经济体制下，企业是国家或政府的附属物。因此，相应的环境保护责任及其投资，从本质上说都是由国家或政府承担的。尽管近几年环保投资融资渠道已呈现多样性，但环保投入机制基本是延续计划经济体制。随着国民经济实力的增强，环保投入逐年增长。但现行的环境保护投资体制没有清晰政府、企业和个人之间的环境事权分配。"三同时"、更新改造和综合利用利润留成等环保投资渠道，在企业的硬预算约束机制下将逐渐失去效力。在现行的投资渠道中，基本建设资金、城市维护费和更新改造资金是最主要的渠道，而且这些渠道中的主要资金是政府预算资金（包括预算外资金）。就目前而言，我国的环境保护投资主体主要是国家和政府。这与市场经济国家的情况恰好相反。例如，美国、英国和波兰，近60%的污染削减和控制投资是由私营部门（也就是企业和社会公众）直接支付的。我国的环保投资体制与市场经济的不适应性突出表现在以下3个方面：①现行投资安排主要是针对国有企业为主的计划经济的，体现了"环境保护主要靠政府"的传统思维；②没有充分体现"污染者付费原则（PPP）"和"使用者付费原则（UPP）"，没有明晰政府、企业和公众的环保投资权责关系，把污染治理的责任过多地推向政府；③没有发挥市场和公众的作用，尤其是政府通过制定实施政策法规建立环境保护市场的潜力没有得到发挥。

（2）加大政府、企业和社会的环保投入的需求与建议

根据经济学原理，环境污染是"市场失效"的表现，也就是社会经济活动外部不经济性的表现。要消除这种外部不经济性，需要政府、企业和社会的共同努力。另外，清洁的空气、水体和土壤等环境质量是一种准公共物品。根据传统经济学理论，政府应该是环境质量公共物品的主要提供者。因此，要确立市场经济下的环保投入机制，首先要确立市场经济下政府、企业和社会（公众）三者在环境保护的角色和地位。

1）政府：规制、监督和提供部分环境物品。我国的社会主义市场经济正处于建立过程中，政府的很大一部分工作就是为建立市场经济进行规制和监督，因此，与市场经济国家的政府相比，我国更应加强政府在环境保

护中的规制和监督作用，而且政府在环境保护投入方面依然有举足轻重的地位。

2）企业：守法和绿色化。作为市场经济的主体，企业通常是环境污染的主要产生者。在市场经济中，企业首先要根据市场规则进行经济活动，在守法的前提下获取最大的经济利润。而这些市场规则中，环境法规和标准是一个重要的组成部分。具体来说，企业在生产和经营过程中，应通过各种措施和资金投入，满足国家制定的污染物排放标准和污染物排放总量控制要求，生产的商品达到相应的产品质量、安全、健康和环境等标准，最大限度地实现产品全过程或产品生命周期的环境友好目标。鉴于环境污染外部不经济性和企业追求高额利润的特点，要使大部分企业达到国家规定的环境标准，在市场经济下政府强有力的监督是必不可少的。在一个成熟的市场经济中企业完全可以通过建立企业的环境和绿色形象得到社会公众的经济回报。

3）公众：积极参与和监督。在市场经济下，社会公众既是污染的产生者，又是环境污染的受害者。作为前者，公众也应自觉地遵守环境法规，通过绿色消费行为选择性引导企业的生产和经营。同时，社会公众也是监督企业遵守环境法规的重要力量。

因此，在市场经济下，企业和社会公众作为环境保护的主体，它们在环境保护方面的主要责任是遵守国家规定的环境政策、法规和标准，用自己的行为促进全社会的绿色生产和绿色消费。

对于环境保护这样庞大的投资需求，只有充分发挥市场机制，全面加大政府、企业和社会的环保投入，尤其是企业和社会的投入，逐步建立一个以企业和社会公众为主体的环境保护投入机制。①增加各级政府财政环保支出：在我国，尽管政府或公共部门环境保护投资占环境保护总投资的比例要高于发达国家的水平，但政府环保部门的财政预算支出占国家财政预算总支出的比例却明显低于发达国家的水平，平均相差10倍左右。因此，增加环保投入首先应该增加国家财政预算用于环境保护的支出。②积极引入民间资本投资环保设施：在这方面，政府最重要的任务就是为企业和社会公众建立一个稳定的政策环境，确保企业和公众在环境保护投资中取得一定的经济回报。稳定的政策环境应该具有"大棒加胡萝卜"的特点：一方面，政府应该严格依法执法，促使污染企业或违反法规标准的企业保证有足够的环保投入；另一方面，政府也应制定一些环境服务的税收和价格优惠政策，以鼓励企业和社会民间资本用于环境保护。一些经营性的环保公用设施，如收费的污水处理厂、垃圾处理厂等，由于具有比较稳定的现金流，只要收费标准和价格合理，使得投资有合理的投资回报，完全没有必要由政府大包大揽，而以授权经营的方式交由企业（包括外商、国企、民营企业等）投资和运营，政府只要监督该企业是否达到环保要求即可。目前政府急需尽快全面实施污水处理收费、垃圾处理收费、危险废物集中处理收费等收费政策，改革收费体制，而且允许环保公用设施企业根据"保本微利"或"社会平均回报"的原则自行确定收费价格。③推行环境公用事业的企业化经营管理：由于规模经济、技术特征和政治等因素的影响，传统上，环境公用事业（如城市污水和垃圾处理）大都是由政府直接经营的。这种机制一方面使环境公用事业部门普遍出现低效率现象，另一方面又使政府背上了沉重的财政负担。在这种情况下，私人部门（或民营企业）的积极参与就成了许多国家环境基础设施的建设和运营模式的重要发展方向。通常的做法是，由政府指定或市场竞争产生的企业，在一定的产权关系约束和政府的监督（主要是服务质量和价格）下，根据相对独立经营和自负盈亏的原则，生产、销售或提供环境公共服务或基础设施服务，经营收入来自于消费者的购买，如居民和企业交纳的污水处理费。

3 现行村镇环境技术政策

十几年来，我国各级政府对农村生活污水治理给予了必要的重视，开展了大量的探索性研究和具体的治理实践，上马了一批农村生活污水治理示范工程。可以说，我国在农村生活污水治理技术方面的探索已取得一定的成果，基本可以做到因地制宜。所用技术大都可归纳为城镇污水处理厂小型化模型和土地处理系统模式两类。但无论采用哪种技术，要保证处理设施的正常运行和出水水质达到设计标准，日常维护、定期检查是必不可少的。但目前的农村生活污水治理试点工程未能充分考虑推广的可能性和路径，存在着明显的项目导向特点，以及重工程轻管理、重技术轻机制、重建设轻运行等现象。污水处理是一个长期的工程，不能只把眼光放在短短的几年上，既需要因地制宜，也需要长远考虑。

村镇环境政策方面目前也急需加强。目前我国的环境权属于国家所有，但是并没有明确界定，更未区分经营权、处置权和收益权。在模糊的环境权下，农村环境污染的分散性、随机排放性，加上水体自身的脆弱性，更增加了治理的难度。政府与农民治污与致富两难全，利益相悖。一方面，政府要治污，在生态脆弱的流域进行农村治理，需要政府针对环境容量和生态承载力提出更加严格的政策细则；另一方面农民要致富，强烈的自利愿望使农民认为政府应包办环境政策的实施，而政府又不愿意花更多的政策执行成本取得政策效果和环境效益。所以需要有将两者利益协调起来的环境政策，使政府与农户的利益耦合。

对农村环境污染治理也缺少政策和资金支持。国家对城市和规模企业的污染治理有许多优惠的政策，比如排污费返还等。与之相比，国家对农村的环境污染治理却缺少相应的政策，农村污染治理的资金来源比较匮乏，虽然目前国家实行"以奖代补"、"以奖促治"等政策，但仅有这些政策措施还远远不够。鉴于我国农村地区人口分散、经济欠发达的特点，建立收费机制比较困难，农村污染治理基础设施建设和运营的市场机制难以建立起来。加强农村环境保护立法，加强农村环境保护法律法规及标准体系建设，推进农村养殖业污染、农村饮用水以饮用水源保护、农村生活污染、农村环境基础设施建设、农业废弃物回收利用管理等方面的立法工作。建设农村生活污染、畜禽养殖污染、农药化肥污染和农业废弃物（秸秆）综合利用四个领域的环境技术管理体系及相关的标准，包括污染防治技术政策、污染防治最佳可行技术指南和环境工程技术规范，建立相应的示范推广机制，为农村污染防治提供经济适用技术支持和相应政策保障，推动农村环境保护工作进展。

4 现行村镇环境公众参与政策

以面向流域治理的"费补共治"型农村环境政策为例。这个政策具体是指地方政府向农民收取环境费，再以奖励的方法补贴，以提高农村环境治理效果的环境政策。它将政府的环境管制与农民参与治理相结合，并由第三方进行效果评价，以形成协作型环境治理结构。

"费补共治型"农村环境政策有利于以公众为核心的第三方主体的形成；有利于利益驱动下农户行为的改变，现有收入水平下的低收费也为收入提高后环境税的征收打下基础；有利于节约政策执行成本，提高治理效果，降低治理成本。在目前的"以奖促治，以奖代补"的执行中，让农户在有支付行为，兼顾经济收益和环境收益的前提下，深刻体验"谁污染谁治理，谁受益谁付费"的环保基本原则。

要保障"费补共治"型农村环境政策实施需要落实以下几点：①确保"费补共治"基层政策法制化与国家相配套细化地方性农村环境政策，建立乡镇村级基层的乡规村约，并纳入村庄发展规划中。依据因地制宜、量力而行、逐步提高的原则，通过各种奖励补贴与处罚措施相结合，致富与治污相互促进，以利益为导向激发农民保护环境的积极性和创造性，以达到流域农村污染治理的目的。②强化村民参与的治理机制建立以利益冲突平衡为核心的立法理念，以项目为纽带，以施惠于民为宗旨开展参与式环境治理，从而树立农民主体意识、养成参与习惯、提升维权能力，形成村民自治的治理机制，问策于民，施政于民，受益于民。最大限度地回应流域居民诉求，使得政策制定更加科学、民主，更能贴合流域居民的实际需求，更好地调动他们的积极性。③构建第三方评价机制。构建包括以学者为主的学会（协会）的非政府组织NGO和公众为核心的第三方评价主体，对环境治理定期抽查和测评，转变公众导向的政策评价模式，从而提高政策的公正性和效能。④广泛开展文明生态村的创建借鉴示范村"费补共治"的经验，强化环境综合治理，通过以评促建，提高农民环境意识，改良农民的行为，提高基层干部的环境管理能力，将文明创建的绩效与干部考核挂钩。⑤逐步建立流域化管理体制逐步建立流域化管理机构，重新配置权力和职能。一是要明确流域化管理机构的法律地位和水污染防治职责，形成"一个流域、一部法规、一套政策"的立法模式；二是提升流域化管理机构的行政级别，扩大流域管理机构的行政权力；三是统一环境收费、奖补的水环境管理职权的配置，理顺流域管理与部门管理、行政区域管理之间的关系；四是流域管理机构的决策机制问题由行政主体向法定的流域管理委员会与非政府组织和农民参与的合作决策主体转变，确保流域内各方利益。

5 现行村镇环境长效管理机制

以北京村镇污水处理设施为例。根据对北京近30座乡镇集中污水处理厂和2006年78个新农村村级污水站的调查，53%的乡镇集中污水处理厂和70%村级污水处理站运行情况较好。其他未能正常运行的处理设施除了设计和建设本身缺陷外，还有一些运行管理机制中的问题。这些问题也一定程度上存在于运行情况较好的设施中。其主要包括以下4个方面：①运行管理主体不具备设施运行管理职责。北京农村地区的污水处理设施的运行管理主体类型比较多，乡镇集中污水处理厂的责任主体包括乡镇政府、乡镇或流域水务站、开发区管委会、企、事业单位等，以前三者为主，占90%以上；村级污水处理设施的责任主体主要是村委会。村委会是群众自治组织，当其运行管理不力时，难以对其进行有效处罚。②缺乏运行维修资金。目前北京乡镇集中污水处理厂的运行经费来源途径主要有区县财政、乡镇财政、企业排污收费3种。村级污水处理设施的经费主要来源于村委会公共经费。此外，市水务和财政也曾探索通过奖励的形式给予一定资金支持，但是尚未形成固定制度。总体而言，运行费用如来自区县财政和企业排污收费则将比较有保证，如来自乡镇财政和村委会公共经费，大多数的乡镇政府和村委会表示污水处理费负担很重，则难以长期为继。③运行监管不到位。农村污水处理设施数量多，地点分散，环保监管部门对其进行全面运行监管难度较大。而在线监测由于成本较高，技术复杂又难以全面实行。我国环境管理体制最基层的执行组织是设在县级政府内的环保局及其他相关组织机构，镇以下的地方政府部门一般没有相应的人员和资源，导致我国大部分农村地区的环境监管工作很难开展。而且目前环保部门还没有农业环境监测的专门机构、专职人员、监测仪器和业务经费，对农业环境还没有任何常规监测。农村环境监管体系的不健全是我国农村环境管理工作中的"短板"。建立长效运行管理机制、完善村级物业管理办法，对于农村污水处理工程的有效运行至关重要。④缺乏专业运行维护人员。污水处理专业技术性较强，而农村地区技术力量薄弱，缺乏污水处理设施运行管理所需的专业人员，存在污水处理效果波动较大、处理出水不达标、吨水处理成本难以有效下降等问题。尤其对于村级处理设施而言，村级管水员以农民为主，缺乏污水处理的专业知识，仅能负责日常安全看护工作，难以胜任污水设施专业系统维护工作。

促进农村地区污水处理设施长效运行的需求与策略有以下几点：①提高污水处理设施运行积极性。污水处理本身不直接产生经济效益，相反还要有一定的投入，在没有或者监管不严的情况下，就会出现运行不利甚至不运行的情况。但是如果通过运行污水处理设施可以获得一定的经济利益或者其他收益，其积极性则将大大提高。目前采用BOT运行模式即是其例之一。对于政府委托企业运行和政府运行的模式，可以采用对村镇集体进行经济奖励和对主管人员进行行政奖励的方式，提高其积极性。②有效监管，严格奖惩。无论对于有无运行积极性的污水处理设施运行管理主体，进行有效的运行监管都是必不可少的。村镇污水处理设施数量较多，定时定量进行检查难度较大，应以抽查为主。对于政府委托企业运行和完全企业运营的处理设施，还可以通过公布举报电话、热线等方式发挥社会力量，特别是发动农民管水员来监督污水处理设施运行。对于政府直接管理的污水处理设施则必须由环保部门进行监督。③落实运行资金。落实污水处理运行资金是确保设施能够长效运行的基础。农村地区由于未能全部实现统一供水，通过用水收费来收取排污费在短期内难以全面实行，需根据实际情况多渠道建立污水处理费用来源。对于乡镇工业区的污水处理设施通过收取工业企业的排污费解决了运行费问题。对于处理村镇生活污水的处理设施，应采取市、区、镇、村四级共筹模式，按照城乡统筹、先进地区带动滞后地区、生态补偿、均衡发展的思路，市财政应在较大程度上承担农村生活污水处理运行费。

四 村镇环境综合整治技术模式研究

（一）村镇环境特征与整治类型

1 整治类型划分的必要性

（1）经济发展不平衡

正如之前一节所论述，环境整治是高投入，慢回报的项目，需要因地制宜的技术管理手段和充足的资金支持。因此不同地区经济发展程度极大地影响环保策略，而根据不同经济发展程度划片予以不同整治方式十分必要。根据中国省级行政区2013年GDP排名，我国各地区经济发展不平衡，其中排名第一的广东省GDP甚至达到了排名最末的西藏自治区的80余倍。此外，各省份的GDP排名基本呈现南方高于北方，东部高于西部的特征。各省的经济水平某种意义上就决定了当地的环境投入，也就确定了环境处理的可行成本，此外经济发展水平对于其他的很多方面都有影响，通常经济较为发达的地区基础设施建设较好；而且百姓的环保意识较强，愿意为改善环境出自己的一份力；官员也会更多地考虑环境问题而不是只注重经济。

不仅如此，经济发展还与污染类型密切相关，经济水平较高的地区，乡镇企业、大型养殖业就会较为发达，产生的垃圾和污水较多，且工业污染的比例较高。因而对于经济水平差异较为明显的地区，必须分别处理，划分为不同的整治类型并建立针对性的解决方案。

（2）村镇自然条件多样

我国是一个幅员辽阔的大国，而广大的国土面积也造成了我国自然环境的多样化。不同的气候、多样的地形、丰富的植被种类，共同组合成了我国多样化的自然环境。而不同的自然环境和条件自然也会影响当地村镇对于整治技术的选择。比如山地和丘陵地区就无法进行垃圾卫生填埋这种占地面积较大的操作，气候寒冷的北方地区修建人工湿地时就应注意所种植物的抗寒性能。因此根据自然条件划分整治类型并确定不同的方案是十分重要的。

（3）村镇资源环境不同

村镇拥有的资源种类会在很大程度上影响这一村镇的生产生活方式，进而影响这一地区垃圾和污水的成分。若是这一地区土地质量较高，适合耕种，那么该地区基本会以农业生产为主，因此会产生较多的含氮、磷的农业废水和秸秆等农业废弃物。而若是这一地区拥有丰富的矿产资源，则该地区会更为侧重工矿业的发展，相应的也就会产生更多含有重金属的工业废水以及有毒有害的垃圾。因此，村镇的资源环境不同，产生的废水废物成分及其所需的处理工艺也就不同，因而村镇的资源环境不同也是我们应当划分整治类型的原因之一。

2 整治类型划分的依据

基于以上的分析，我国幅员辽阔，自然、气候分区明显，不同地区生态资源禀赋、经济发展水平和生活生产习惯等区域差异显著，农村环境问题具有明显的区域差异性特征，急需进行分区控制和分类指导。农村生活污染控制和生态建设模式只有针对南方湿润区与北方干旱区、经济发达与欠发达、居住分散和相对集中等不同自然、经济社会条件下的农村环境问题，进行生活污染控制与城乡统筹生态建设成套化技术与运行管理模式的提炼和总结，才能提高技术逐步提高技术应用的实效性。

3 整治类型划分结果及特征

（1）划分结果

首先根据自然气候环境，将全国分为东北、华北、西北、东南、西南、中南六个大致的地区，我们将在后续的章节中详细讨论各地区各类型村庄所采用的废水废物整治的技术模式。然而由于我国广袤的国土与众多的人口，这样的分类方法并不足以概括全国所有的环境整治方式，我们在此只能基于已有的案例进行分析，然而在实际应用是仍应该本着因地制宜的原则对具体问题进行具体的统筹规划。

（2）特征

现对各地区气候特征及村镇发展状况做如下简要说明：

1）东北地区：该地区属温带湿润、半湿润大陆性季风气候。城镇化建设取得阶段性成果。相当数量的小城镇在建设规模基础设施、城镇功能、镇容镇貌和综合经济实力等方面有了很大进展，且农村产业结构发生变化，农业产业化经营迅速发展。但这一地区农业基础设施还比较薄弱，缺少控制性的大型水利枢纽工程，水资源调配能力不强，洪涝干旱灾害依然严重。商品畜牧业还处在起步阶段，传统的、分散的、粗放的生产方式仍占主导地位，生产水平和经济效益不高。

2）华北地区：为典型的暖温带大陆性季风气候。农业商品程度已有很大提高，各类专业市场也有了较大的发展，但在乡村居民日常生活中占主导地位的，仍然是传统的定期集市。城镇化的步伐很缓慢。在山区农村的人口分布不均匀，并且规模很小；而平原地区人口较集中。

3）西北地区：处于中国西北内陆干旱半干旱区，为温带大陆性气候。城镇化水平低于全国平均水平，分布密度低。且西北地区的水资源异常缺乏，是该地区农业发展的一个长期隐患；虽然土地广袤，但耕地所占比重不高，而且大多数耕地属山地、坡地、小谷地、高原地，耕地质量较差。

4）东南地区：属亚热带湿润性季风气候。东南各省乡村产业结构比重差异较大，江浙两省的农村产业结构以工业为主，农业比重只占22%左右，安徽福建江西三省则以农业结构为主，农业比重占到50%左右。

5）西南地区：东部为亚热带季风气候，云南西北部和四川西部为青藏高原高寒气候，云南南部少部分地区为热带季风气候。该地区是我国热带、亚热带经济产品的主要来源地。畜牧业是西南区农村经济的支柱产业，畜牧业收入是农民收入的主要来源，尤其是贫困地方高居80%。该区畜种繁多，农户养殖历史悠久，既有放牧畜牧业，又有农区畜牧业。

6）中南地区：热带、南亚热带气候。该地区城镇数量逐步增加，城镇化水平逐渐提升。农业生产条件、技术装备和综合生产能力得到持续稳步的提升，产业化经营形成一定规模。但农业发展总体上仍处于传统粗放型发展阶段，农业基础薄弱，耕地资源日益紧缺。

我国不同区域村镇生产发展的环境问题特征

表4-4-1

行政分区	气候特征	发展特征	村镇环境问题特征
东北地区	温带湿润、半湿润大陆性季风气候	1. 城镇化程度较低； 2. 农业以粮食作物为主； 3. 人居分散	1. 农业面源污染形势严峻； 2. 畜禽粪便污染呈加剧趋势； 3. 农村环保投入严重不足，农村环保力量普遍薄弱
华北地区	典型的暖温带大陆性季风气候	1. 城镇化程度较高； 2. 我国粮棉主要产区，农业较发达，生产效率较高； 3. 人居相对集中	1. 村镇环境"脏、乱、差"集约化养殖场点源污染； 2. 农业面源污染，乡镇企业的点源污染； 3. 城市生活污染向农村转移，工业污染向农村转移
华东地区	亚热带湿润性季风气候	1. 东部沿海地区城镇率较高； 2. 农村产业结构以工业为主； 3. 畜牧业养殖品种多样，规模化养殖比重增大	1. 农药化学品污染较重； 2. 农村废弃物，秸秆和畜禽养殖污染，造成饮用水水源地污染； 3. 乡镇工业污染
华中地区	东部的华中亚热带和西部的西南亚热带	1. 城镇数量逐步增加； 2. 农业生产稳步增长； 3. 畜禽规模化养殖加快	1. 过量施用化肥、农药的现象； 2. 农村生活垃圾和生活污水增多； 3. 工业污染加剧； 4. 集约化畜禽养殖污染严重
华南地区	热带、南亚热带气候	1. 城镇化水平较高； 2. 特色农业优势明显； 3. 乡镇企业数量大	1. 环境基础设施建设滞后，农业污染源尚云有效控制； 2. 农村生活垃圾和生活污水增多； 3. 工业污染加剧，集约化畜禽养殖污染严重
西南地区	东部亚热带季风气候（滇西北部）和川西部为青藏高原高寒气候，滇南为为热带季风	1. 人地矛盾突出； 2. 劳务输出较多； 3. 畜牧业较发达	1. 水土流失严重，部分地区荒漠化，石漠化的生态问题突出； 2. 自然生态环境破坏，土地退化严重； 3. 农村环保投入严重不足，农村环保力量普遍薄弱

（二）村镇环境综合整治技术模式的集成

本研究从城乡统筹、区域协调的角度，开展了农村生活污染控制和生态建设区域特征研究，根据不同区域农村生活污染特征分析，提出了六套城乡统筹农村生活污染控制与生态建设模式，并根据我国不同地区自然、气候分区、生态资源禀赋、经济发展水平和生活生产习惯等区域差异，对农村环境问题进行分区控制和分类指导，提出了适合全国东北、华北、华东、华中、华南、西南、西北七个区域的城乡统筹农村生活污染控制和生态建设模式。

1 分散型农户庭院式生活污染处理模式

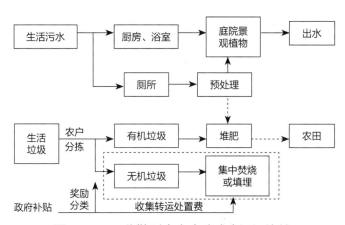

图4-4-1 分散型农户庭院式生活污染处理

适用范围：主要适用于人居较为分散（集中接管费用较高），远离城镇，城镇化水平不高的农村地区。布局分散、经济欠发达、交通不便，推行垃圾分类，选取有机垃圾与秸秆、农业废物、畜禽粪便等可生物降解物料混合堆肥等资源化利用技术，无法资源化利用的垃圾进行分散式村镇垃圾填埋处理模式。

2 集中型村镇生活污染处理模式

适用范围：主要适用于人居较为集中、城镇化水平较高或建成新农村

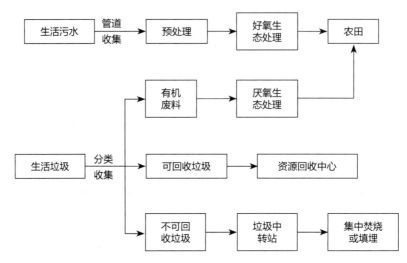

图4-4-2 集中型村镇生活污染处理模式

的农村地区。针对中部平原干旱型村庄，以连片村庄为单元建设垃圾处理场，建立可覆盖周边村庄的区域性垃圾转运、压缩设施。

3 "城乡统筹"的村镇生活污染处理模式

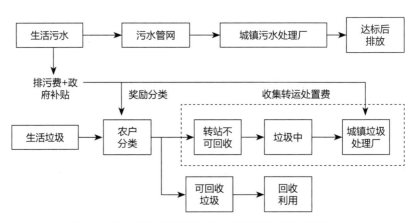

图4-4-3 "城乡统筹"的村镇生活污染处理模式

适用范围：主要适用于人居较为集中，距离中心城镇（集中处理设施）较近，即城市周边20公里范围以内的村庄，城镇化水平较高的农村地区。生活垃圾通过户分类、村收集、乡/镇转运，纳入县级以上垃圾处理模式。

4 以分散种植/养殖为主的生活污染"产沼"生态循环模式

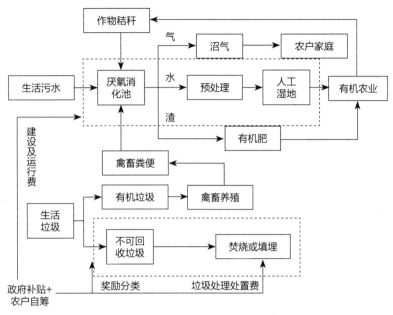

图4-4-4 以分散种植/养殖为主的生活污染"产沼"生态循环模式

适用范围：主要适用于产业结构以种植和养殖业为主的农村地区。对于高寒地区不太适用。

5 以观光旅游为主的村镇生活污染处理模式

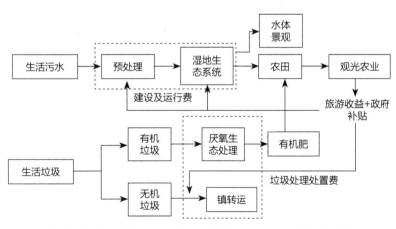

图4-4-5 以观光旅游为主的村镇生活污染处理模式

适用范围：主要适用于中心城市的城郊、经济较发达地区的村镇地区。

6 以节水和资源回用的村镇生活污染处理模式

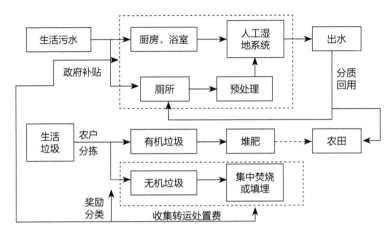

图4-4-6 以节水和资源回用的村镇生活污染处理模式

适用范围：主要适用于水资源缺乏的村镇地区。

（三）我国不同地区村镇环境综合整治模式选择

本研究将我国不同区域农村环境保护的重点与模式与当地农村环境特点、不同区域气候特征、生产方式和经济模式相结合，总结提炼出适合七大不同区域的村镇环境整治模式（表4-4-2）。

我国不同地区村镇环境综合整治模式选择　　　　表4-4-2

行政区域	模式选择
东北地区	分散型农户庭院处理模式；新农村集中型处理模式；城乡一体化共处理模式；生态化处理+观光农业模式；分质用水循环利用模式
华北地区	分散型农户庭院处理模式；新农村集中型处理模式；城乡一体化共处理模式；种植+养殖"产沼型"处理模式；生态化处理+观光农业模式；分质用水循环利用模式
华东地区	分散型农户庭院处理模式；新农村集中型处理模式；城乡一体化共处理模式；生态化处理+观光农业模式；分质用水循环利用模式
华中地区	分散型农户庭院处理模式；新农村集中型处理模式；城乡一体化共处理模式；种植+养殖"产沼型"处理模式；生态化处理+观光农业模式；分质用水循环利用模式

行政区域	模式选择
华南地区	分散型农户庭院处理模式;新农村集中型处理模式;城乡一体化共处理模式;种植+养殖"产沼型"处理模式;生态化处理+观光农业模式;分质用水循环利用模式
西南地区	分散型农户庭院处理模式;新农村集中型处理模式;城乡一体化共处理模式;种植+养殖"产沼型"处理模式;生态化处理+观光农业模式;分质用水循环利用模式
西北地区	分散型农户庭院处理模式;新农村集中型处理模式;生态化处理+观光农业模式;分质用水循环利用模式

　　不同地区农村生活污染控制和生态建设管模式选择的主导因素分析见表4-4-3~表4-4-8。

我国东北地区农村生活污染控制和生态建设模式选择　　　表4-4-3

模式选择影响因素 模式选择	距离中心城市的距离		经济水平、城镇化程度和人口集中度		产业结构	
	距离中心城市较近的郊区	距离中心城市较远的农村地区	较高	较低	种植业为主	种植和养殖业为主
分散型农户庭院处理模式		√		√	√	√
新农村集中型处理模式	√		√			
城乡一体化共处理模式	√		√			
生态化处理+观光农业模式	√		√			
分质用水循环利用模式					√	

我国华东地区农村生活污染控制和生态建设模式选择　　　表4-4-4

模式选择影响因素 模式选择	距离中心城市的距离		经济水平、城镇化程度和人口集中度		产业结构	
	距离中心城市较近的郊区	距离中心城市较远的农村地区	较高	较低	种植业为主	种植和养殖业为主
分散型农户庭院处理模式		√		√	√	√
新农村集中型处理模式	√		√			
城乡一体化共处理模式	√		√			
种植+养殖"产沼型"处理模式						√

模式选择影响因素 / 模式选择	距离中心城市的距离		经济水平、城镇化程度和人口集中度		产业结构	
	距离中心城市较近的郊区	距离中心城市较远的农村地区	较高	较低	种植业为主	种植和养殖业为主
生态化处理+观光农业模式	√		√			
分质用水循环利用模式	√		√		√	

我国华中地区农村生活污染控制和生态建设模式选择　　　表4-4-5

模式选择影响因素 / 模式选择	距离中心城市的距离		经济水平、城镇化程度和人口集中度		产业结构	
	距离中心城市较近的郊区	距离中心城市较远的农村地区	较高	较低	种植业为主	种植和养殖业为主
分散型农户庭院处理模式		√		√	√	√
新农村集中型处理模式	√		√			
城乡一体化共处理模式	√		√			
种植+养殖"产沼型"处理模式						√
生态化处理+观光农业模式	√		√			
分质用水循环利用模式	√		√		√	√

我国华南地区农村生活污染控制和生态建设模式选择　　　表4-4-6

模式选择影响因素 / 模式选择	距离中心城市的距离		经济水平、城镇化程度和人口集中度		产业结构	
	距离中心城市较近的郊区	距离中心城市较远的农村地区	较高	较低	种植业为主	种植和养殖业为主
分散型农户庭院处理模式		√		√	√	√
新农村集中型处理模式	√		√			
城乡一体化共处理模式	√		√			
种植+养殖"产沼型"处理模式		√				√
生态化处理+观光农业模式	√		√			
分质用水循环利用模式	√		√		√	√

我国西北地区农村生活污染控制和生态建设模式选择　　表4-4-7

模式选择影响因素	距离中心城市的距离		经济水平、城镇化程度和人口集中度		产业结构	
模式选择	距离中心城市较近的郊区	距离中心城市较远的农村地区	较高	较低	种植业为主	种植和养殖业为主
分散型农户庭院处理模式	√	√	√	√	√	√
新农村集中型处理模式	√		√			
生态化处理+观光农业模式	√		√			
分质用水循环利用模式	√	√	√	√	√	√

我国西南地区农村生活污染控制和生态建设模式选择　　表4-4-8

模式选择影响因素	距离中心城市的距离		经济水平、城镇化程度和人口集中度		产业结构	
模式选择	距离中心城市较近的郊区	距离中心城市较远的农村地区	较高	较低	种植业为主	种植和养殖业为主
分散型农户庭院处理模式		√		√	√	√
新农村集中型处理模式	√		√			
城乡一体化共处理模式	√					
种植+养殖"产沼型"处理模式		√		√	√	√
生态化处理+观光农业模式	√		√			
分质用水循环利用模式	√		√		√	√

1　我国东北地区农村生活污染控制和生态建设管理模式

　　我国东北地区气候四季分明，冬季严寒，农村经济主要以种植业为主，城镇化程度相对较低，农村人居较分散，畜禽养殖分散。因此，东北地区农村生活污染控制和生态建设要综合考虑气候条件、污染强度和集中度，结合农村生产方式选择合适的模式。

　　我国东北地区农村选择以农户为单元的、生态循环农业为核心的农村生活污染控制和生态建设模式较为适应东北农村生活污染控制和生态建设的现实。

生态循环农业为核心的农村生活污染控制和生态建设模式主要是通过政策引导和扶持农民发展生态循环农业，大力发展绿色农业和有机农业，在农业发展过程中消纳农村生活污水、畜禽粪便、秸秆和部分生活垃圾。以提高农产品品质和农产品附加值来提高农民收入，以保障农民维持该模式的积极性。

东北农村地区冬季较为寒冷，普通生物处理技术难于发挥功效，常规的垃圾堆肥工艺在冬季也难以奏效，加上东北农村以旱厕居多，农村畜禽养殖分散，可以以分散农户为单元，将分离的可堆肥处理的生活垃圾、人畜粪尿和生活污水进行简单的堆置，用于农田。东北农田较为集中，秸秆可以利用机械化操作进行集中还田。

本模式实施的关键在于引导农民恢复农家肥的利用，建立生态循环农业模式。在操作层面上，政府需要加强宣传和引导，协助农户或集体构建有机或绿色食品生产基地。这种模式，投入较低（主要是要建设简易的堆肥装置和部分人工投入），可持续性强，技术上难度不大，关键是让农户恢复原有的生态化生产的模式。

2 我国华北地区农村生活污染控制和生态建设管理模式选择

我国华北地区是我国主要的粮棉产区之一，水资源相对匮乏，农村经济主要以种植业为主，城镇化程度一般，农村人居相对，畜禽养殖分散。华北地区农村经济差异程度大，旱厕较为普遍，庭院地面多为土地。随着新农村建设的发展，经济较发达地区室内卫生设施齐全，庭院地面硬化，水冲厕所普及。

华北地区多为平原地区，村落较为集中，部分山区村落沿河流分散布置，在地下水位较浅、水源保护地和重点流域保护区域严禁采用渗水井、渗水坑等排水方式，防止地下水受到污染。村落排水管渠的布置应根据村落的格局、地形情况等因素来确定。

对于新建农村集中居住区，污水和雨水的收集应实行分流制，通过管道或暗渠收集生活污水进行集中处理后排放，雨水应充分利用地面径流和明渠排至就近的河流或池塘。旧村庄的改扩建，已建合流制管网，可采用截流方式将污水送入处理设施，新建改建部分在污水处理设施前尽可能实行分流制。

以生活污水回用为核心的农村生活污染控制和生态建设模式较为适应华北农村生活污染控制和生态建设的现实。华北地区属严重缺水地区，污水处理应尽量与资源化利用结合。根据华北地区各省市的经济发展水平及环境条件，农村污水处理实用技术包括：化粪池、污水净化沼气池、普通曝气池、序批式生物反应器、氧化沟、生物接触氧化池、人工湿地、土地处理、稳定塘等技术。

本模式实施的关键在于结合不同经济发展阶段的农村的实际（经济发展水平、地形和自然条件），建立以生活污水回用为核心的农村生活污染和生态建设模式。在操作层面上，政府需要加强宣传和引导，协助农户或集体构建相关配套基础设施的建设和污水处理设施、垃圾分类收集体系的日常维护和管理。农村改水改厕（这部分工作在华北部分农村地区已经完成）、生活垃圾分类的设施、收运体系的建立等需要政府加大投入。

3 我国华东地区农村生活污染控制和生态建设管理模式选择

我国华东地区主要位于长江中下游流域，水资源（水量）相对丰富，经济发达，城镇化程度较高，农村的生产生活方式与传统意义上的农村有很大差异，传统方式的种植和畜禽养殖比例较小。因此，华东地区农村生活污染控制和生态建设要综合考虑自然条件、污染强度和集中度，结合农村生产方式选择合适的模式。

以乡镇为单元的城乡统筹适度集中式农村生活污染控制和生态建设模式较为适应华东地区乡镇企业较发达，城镇化率较高，人居集中农村生活污染控制和生态建设的现实；以村为单元的城乡统筹适度分散式农村生活污染控制和生态建设模式较为适应华东地区以农业为主，集中式污水管网收集不到的区域农村生活污染控制和生态建设的现实。

以乡镇为单元的城乡统筹适度集中式农村生活污染控制和生态建设模式主要是通过政府投资或通过市场化融资（如BOT模式）来引导和扶持集中式治污设施的建立。对资源（水资源）进行分质有偿使用，通过集中治污设施的自身造血功能（根据污水水量、水质和处理难度收费）能够实现处理设施的正常运转。

本模式实施的关键在相关配套基础设施的建设，农村生活污水管网的建设、生活垃圾分类的设施、收运体系的建立等需要政府加大投入。此外，加强乡镇企业的环境管理和监督（保证污水处理达标或送至集中式污水处理设施），加强集中治污设施运行过程的监管也是保证该模式有效性的重要保障。因为在实践过程中，有的污水处理厂成了"晒太阳"工程，没有污水可处理，主要原因是管网建设滞后或企业将污水偷排；同时，也有集中式治污设施企业自律性不强，存在处理不达标排放现象。

以村为单元的城乡统筹适度分散式农村生活污染控制和生态建设模式主要是结合当地的自然条件，开展以生活污水经化粪池、前处理后进入人工湿地、土地处理或稳定塘处理达标排放或用于农田灌溉用水。

本模式实施的关键在相关配套基础设施的建设和污水处理设施、垃圾分类收集体系的日常维护和管理。农村改水改厕（这部分工作在华东大部分农村地区已经完成）、生活垃圾分类的设施、收运体系的建立等需要政府加大投入。

4 我国华中地区农村生活污染控制和生态建设管理模式选择

我国华中地区地形地貌复杂，包括山地、丘陵、岗地和平原等，湖泊多，河流交错纵横。区域内农村人口数量、村镇数目、人口密度均较大，很多行政村位于重要水系（如淮河、巢湖、鄱阳湖、洞庭湖等）流域，大量未经任何处理的农村生活污水直排，对水环境影响较大。该地区经济总量在全国处于中等偏下水平，区域内经济发展不平衡，农民生活方式、生活水平差异较大。

华中地区可以秦岭—淮河为界划为秦岭以南和秦岭以北。河南和安徽北部风俗习惯属于秦岭以北，用水量较小且经济欠发达。在农村生活污水处理技术选择方面，这些地区农村大部分采用旱厕或有家禽畜养，且村民有利用厩肥施用农田和菜地的习惯，这些农村污水很少外排，其排放的少量污水可考虑采用化粪池或厌氧生物膜反应池进行简单的处理。秦岭以北农村宜选择以生活污水分散处理和垃圾堆肥处理为核心的农村生活污染控制和生态建设模式。

秦岭—淮河以南农村多傍水而建，周围往往有多个池塘，池塘往往成为受纳水体。这些地区可考虑采用好氧生物处理技术、土地处理技术或者利用现有的池塘采用多塘技术。秦岭以北农村宜选择以生活污水土地处理和垃圾堆肥处理为核心的农村生活污染控制和生态建设模式。

5 我国西北地区农村生活污染控制和生态建设模式选择

我国西北地区气候干旱，平均气温较低，农村居民生活用水量偏少。大部分村庄居民主要使用旱厕，没有淋浴设施。近年来，随着新农村建设的推进，部分经济条件好的村庄的家庭也具有冲水马桶、洗衣机、淋浴间等卫生设施，接近于城市的用水习惯。

西北地区干旱缺水、生态环境脆弱，农村排水系统除了减少随意排放的污水对环境的污染，同时应以充分收集和利用水资源为目标，雨水和生活污水应实行分流排放，生活污水排量集中的区域，应用管网或沟渠收集到污水处理系统，处理后作为灌溉的水源。

西北部地区农户庭院排水应以方便资源化利用为目标，厕所、厨房污水和庭院养殖废水与洗涤废水宜分开收集。厕所、厨余污水和庭院养殖废水需经化粪池或沼气池处理后再进入排水管道。洗涤用水污染物含量较低，滤除较大悬浮物后进入排水管道。

西北大部分区域干旱缺水，日照时间长，生活污水处理应尽量与资源化利用结合，可以选择以新型能源（太阳能、风能）为的动力农村生活污染控制和生态建设模式。由于西北地区农村生活污水排放分散、水质和水量波动大，生活污水处理工艺可以结合当地经济和技术状况选择结构简单、易于维护管理和运行成本低的适用技术，包括污水预处理技术（化粪池、沼气池）、生物处理技术（厌氧生物膜反应器、生物接触氧化、氧化沟）和生态处理技术（人工湿地、稳定塘、土地渗滤）等。

6 我国西南地区农村生活污染控制和生态建设模式选择

西南地区地跨全国地势第一、二阶梯，地形复杂，主要有横断山区、云贵高原和四川盆地；主要江河有大渡河、雅砻江、金沙江、澜沧江、怒江、长江并有大量的高原湖泊；西南地区气候类型多样，大部分地区属于亚热带、热带季风气候；地形以丘陵、山地、高原和平原为主。西南地区经济在全国处于中下水平；农村人口众多；少数民族众多，是我国少数民族聚集集中的地区，定居了我国近八成的少数民族人口。

独特的自然风光和人文风光使该区域成为自然风光旅游和人文旅游的热点区域。随着近年来经济发展、生活习惯的改变以及旅游业的发展，农村污水总量迅速增长。大量未经处理的生活污水直接排放，引起周边环境的污染，西南地区又是农村水污染控制技术较为薄弱的地区，目前农村污水治理主要集中在经济发达的村落和旅游业发达的村落，大部分地区还没有开展农村污水治理工作。对于旅游区或小的聚居村落可以选择以生活污水一体化处理装置为核心的农村生活污染控制和生态建设模式。对于边远地区和山区，可以根据西南地区的区域特征和水污染控制的特征，农村污水处理技术应选择投资较低、运行费用较低、便于运行管理的技术，并综合考虑污水治理与利用相结合；在对水环境要求较高的农村，应采用生物生态结合的工艺。村落污水水量大，对周边环境污染严重，应收集处理后再排放。西南地区村落受地形影响，村落一般沿河流、公路等布置，根据当地地形和经济的状况可因地制宜采用合流制或分流制，污水收集宜优先采用分流制，通过管道或暗渠收集处理后排放。西南地区村落宜利用重力自流排水。距离城市较近的村落，经技术与经济比较后，可将村落污水统一收集，就近排入城市排水系统集中处理。

7 我国华南地区农村生活污染控制和生态建设模式选择

我国华南地区农村经济发达、农民生活水平高，室内卫生设施齐全，水冲厕所普及率高，庭院地面多为水泥地面。华南地区气温较高，发展沼气工程有天然的优势，不少地方也结合国家相关政策资金（农村沼气建设资金："十一五"期间中央累计投入农村沼气建设资金达212亿元）扶持，建设的沼气池。因此，华南地区可以选择以生态农业（沼气化生态农业）为核心的农村生活污染控制和生态建设模式。

对于生活污水处理模式，鉴于东南地区村落布局受河网影响，村落一般沿河流、河浜、水塘分散布置。对于相对集中的居住点，污水收集宜采用分流制，通过管道或暗渠收集处理后排放；并应尽量考虑自流排水；距离中心城镇较近的村落可优先考虑集中纳污至市政污水处理厂。农户污水可由单户修建化粪池或沼气池处理后再收集；也可先收集后再经过化粪池或沼气池处理。

农村生活垃圾可以经过源头分拣，能够资源化利用的进行回收利用，可以堆肥的结合沼气工程进行综合利用。有毒有害垃圾集中收集后安全处置，剩余不能利用的无害垃圾可以安全填埋处置。

五　村镇环境基础设施建设效能优化及管理模式研究

（一）村镇环境基础设施管理模式研究

1　完全企业化运作模式

农村污水治理和垃圾处理均属基础设施建设，需要巨额资金的投入，单靠国家补助难以在短期内完成。在这种情况下，拓宽融资渠道，引入市场化运营模式便成为必要的选择。

供排水一体化，是将城区和村镇的供、排水、污水处理和节水实现有机的结合，统一经营，其实现形式为具有法人地位的水务集团公司或供排水公司。供排水一体化模式属于公有公营模式的一种，对市场化体系的建设要求不高，适用于市场化的初级阶段。该模式适用于村镇污水治理的融资、建设、运营和维护，其市场化的优势为：

（1）便于融资，以解决村镇污水治理资金短缺的难题。该模式实现市场化的关键在于政企分开，原来的政府下属单位变更为独立的法人主体，解决了政府不能为污水处理项目向银行等金融机构融资的体制问题。

（2）以供促排，协调发展。供水投资回报率高，而污水处理投资回报率低且回收期较长。供排一体化后，供水量和排水量共同影响着公司的经济利益，企业无法单纯追求多供水，超前投资供水设施的经济目标，还要顾及污水收集和处理设施的建设。同时，该模式将水费分为供水费和排污费两部分，一起征收，解决了村镇污水费征收难的问题，保障了村镇污水处理的资金来源。而且，该模式将建设、运营、收费、管线安装、巡查、维修等供排水业务集中在一起，提高了工作效率，节约了技术成本，提升了竞争力。

2 政府企业共同运作模式

除企业化运营模式之外，还有以下两种政府企业共同合作的运营模式：管理合同模式、DBO模式和PPP模式。

（1）管理合同模式

管理合同是对公有公营模式的一种有益补充，其主旨是采取管理合同或服务合同让民营企业参与污水治理设施的运营，来扩大竞争的氛围，以提高运营效率。根据世界银行发展报告（1994年），管理合同是指为了增加企业对设施管理的自主性，减少政府对日常管理的干预，将整个设施经营的所有管理责任委托给民营企业。服务合同是指为了降低运营成本，或从民营企业中获得一些特殊的技术和经验，将设施运营中的某一部分承包给民营企业。该模式适用于村镇污水治理设施的运营和维护。

管理合同模式下的运营主体是纯粹的民营企业，在提高效率和服务质量方面有较充分的市场机制与机制保障。另外，由于运营期间的支出和从政府取得的服务费相对稳定，管理合同模式对于民营企业的经济风险较小，但收益率也相对较低。但是，管理合同模式不能解决政府建设基金短缺的难题。

（2）DBO模式

DBO（Design-Build-Operate 设计-建造-运营）是一种公有私营模式，指的是政府负责投资，而承包商负责设计、建设、运营、维护一个公共设施或基础设施，并保证在工程使用期间满足政府的运作要求。在合同期满后，资产所有权移交回政府。DBO是目前国际上流行的PPP模式应用于基础设施建设手段的一种，这种模式不仅具有一般PPP项目将污水治理看作是私人部门提供服务提升效率的特点，而且更进一步地将这种服务专业化。

DBO最大的特点在于将投资主体、运营主体、建设主体分离。投资依靠政府，私人部门没有融资风险。这样做的一个明显优势是私人部门专注于运营效率的提升，优化了项目的全寿命周期成本。污水设施的生命周期中设施建造时间最多几年，而后期运营却持续几十年。治理污染主要取决于污水处理设施的后期运营，运营成本占了整个项目成本的很大部分。采用DBO模式可以实现产权主体和运营主体的分离，投资与建设环节的分离，提高了建设和运营效率，更有利于项目长期保持服务质量和运营效率。通过对常熟，江阴等经济快速发展地区的村镇污水治理调查发现，一方面这些村镇政府投资充足，并不缺乏建设资金，但是养护资金缺位现象严重；另一方面村镇污水治理设施运营缺乏专业的人员，造成运营管理上的不善，运营成本偏高。其结果是，没有发挥出现有污水治理设施的效果，在污水治理设施加速老化后，整个污水治理设施的投资就宣告失败，造成投资浪费。同时由于政府片面追求资金的使用效率，往往以采取低价竞标，部分设施建成后持续、稳定、长效运营的效果差。引进DBO模式，中标商必须按照合同规定把足够的注意力转移到后期的设施运营质量上来，保证项目能够长期运营，并降低长期的运营成本。

DBO相比于传统的BOT、TOT项目也具有明显的优势。BOT项目的投资回报是成本的很大一部分，当政府对环境基础设施的市场潜力和价格趋势把握不清时，可能对投资者盲目承诺较高的投资回报率，加大居民和政府的负担。而且如果政府规划和监管不力，容易造成民营企业的不规范参与和竞争，导致环境服务供给的不公平和无序，严重时可能使政府丧失对环境基础设施的控制权。DBO模式中企业无需承担投资责任，竞争产生的服务价格低，政府监管的核心在于准入环节的企业选择，不用进行过程的经济监管，监管过程十分简单，村镇也无需自行培训专业的养护人员，降低了监管、运营成本。

国务院在《落实科学发展观加强环境保护的决定》中提到了"要推行污染治理的工程设计、建设和运营的一体化模式，鼓励排污单位委托专业机构承担污水治理或者设施运营。"这里的设计、建设和运营一体化模式就是DBO。就目前而言，中国大多数村镇缺乏设计、建设、运营污水设施的经验，因此，采用DBO这种专业化的污水治理市场化模式是较好的选择。

对于可回收垃圾的收集处理提出了废品收购站的BTO模式（建设-转让-经营），即由政府投资，在地理位置优越、服务设施比较齐全的集镇、中心村建设高标准的废品回收站，以承包、租赁等方式转让给个体业主经营，收购周边村庄产生的废纸、塑料、金属、玻璃、织物等可回收资源。

废品回收站可以进行特种经营,单纯进行废品的收购和销售;也可以采取复合经营,在废品回收业务的基础上,发展废塑料造粒等加工业,发展废物交易市场等服务业,带动后续资源再生产业的发展。

(3)PPP模式

PPP模式是英文"Public-Private Partnership"的简写,中文直译为"公私合伙制",简言之指公共部门通过与私人部门建立伙伴关系提供公共产品或服务的一种方式。《财政部关于推广运用政府和社会资本合作模式有关问题的通知》的定义为:政府和社会资本合作模式是在基础设施及公共服务领域建立的一种长期合作关系。通常模式是由社会资本承担设计、建设、运营、维护基础设施的大部分工作,并通过'使用者付费'及必要的'政府付费'获得合理投资回报;政府部门负责基础设施及公共服务价格和质量监管,以保证公共利益最大化。同时明确,"政府和社会资本合作模式的实质是政府购买服务。《国家发展改革委关于开展政府和社会资本合作的指导意见》定义为:政府和社会资本合作(PPP)模式是指政府为增强公共产品和服务供给能力、提高供给效率,通过特许经营、购买服务、股权合作等方式,与社会资本建立的利益共享、风险分担及长期合作关系。PPP有三大特征即:伙伴关系,利益共享,风险共担。

近年来,随着国内对县城以下乡镇环保问题的日益重视,村镇污水处理设施建设被逐步提上日程,该领域已经成为污水处理市场的热点。正是由于存在投资建设和运营管理的难题,众多县级以下政府采用PPP模式,引入一家专业投资运营机构,以BOT、TOT、委托运营等形式投资或运营污水处理设施。在这过程中,也出现了一些地方政府将多个污水项目打包招商的案例。典型的案例包括海南16座污水处理厂打包委托运营招商、贵州省黔南州和黔东南州22座污水处理厂BOT打捆招商、江苏武进3座污水厂委托运营打包招商、贵州桐梓县13个污水处理PPP招商等项目。打包招商相比较单个项目分别招商而言,主要有以下优势:

1)增强规模效应,提高项目吸引力

受人口规模的影响,乡镇污水处理厂的规模普遍较小,通常在每日几百至几千吨,大小参差不齐。若单个项目进行招商,由于项目经营收入较少，运营成本高昂，很可能会无人问津。但若将多个项目捆绑在一起，一方面可以实现项目之间优劣搭配，避免投资者挑肥拣瘦，另一方面可以产生明显的规模经济效益，增强项目对投资者的吸引力。

2）降低运营成本，减轻财政负担

若单个项目分别招商，最终很可能形成有多家机构同时参与投资运营的局面。而打包招商则可以选择一家机构承担多个项目的投资运营，相比而言，可以在运营成本上实现节约。一方面可以实现人力资源共享，优化人员调配，另一方面可以在采购和设备维护等方面获得明显的规模经济效益，单位成本将大幅降低，进而降低政府的污水处理费支出，减轻财政负担。

3）提高招商效率

理论上讲，单个项目分别招商，则每个项目都要开展一次招商工作。而将全部项目打包招商，则招商工作可以一次完成，能大大降低各项中介费支出，节约政府的人力、物力和财力，且可以降低各乡镇自行运作时因专业能力所限而产生的各种风险，提高招商成功的概率。

4）提高监管效率

将多个项目打包招商，引入一家投资机构，可以降低政府的监管成本，提高监管效率。相比同时监管多个对象，政府监管一家机构的难度和监管的工作量都会明显降低。

5）PPP项目打包招商的相关建议

①招商主体的选择

一般而言，乡镇污水处理PPP项目的业主单位是所在地乡镇政府（或该乡镇政府下属的单位）。在打包招商的过程中，由于涉及多个乡镇政府，而各乡镇经济条件、项目实际情况一般差异较大，各方的利益诉求也自然会有所不同。若各乡镇政府同时作为招商业主单位，统一打包招商必定困难重重。由于难以平衡各方利益，大量的时间和精力可能都会浪费在各种争论和利益协调方面，甚至可能出现某些乡镇政府不作为或抵触的情形，从而导致招商工作难以推进。为避免上述情况发生，可由县政府委托县行业主管部门作为招商业主单位，统筹推进全部污水处理PPP项目的招商工作，制定统一的PPP招商方案并负责实施。同时作为PPP项目的业主方，代表县政府与投资者签署PPP项目合作协议。

②污水处理服务费单价

由于各乡镇的污水处理项目规模大小不一，运营成本差异明显。在打包招商的过程中，污水处理服务费单价最易引起各乡镇政府产生异议。在各地的实践中，有的地方实行"一厂一价"，有的实行统一价格。客观来看，两种模式各有优劣。

"一厂一价"易于平衡各乡镇利益，减少分歧。但缺点也很明显，一是评选投资者的过程中，无法确定一个统一的报价竞争标的，不能评审出最优的报价，价格最终还是需要通过协商确定，难以实现减少政府污水处理服务费支出的目的。虽然表面上是打包招商，但实际依然是简单叠加，规模效应无法实现。

而实行统一价格，优势在于容易确定报价竞争标的，易于评审出最优报价，从而减少污水处理服务费支出。但缺点在于，实行统一价格会产生不公，容易引起项目条件较好的乡镇政府的抵触。

该模式既有采用"一厂一价"的案例，也实行统一价格的案例。从第三方角度来看，建议选取统一价格方案。虽然条件较好的乡镇相对而言会有利益损失，但从全县的角度来看，可以通过竞争减少污水处理服务费支出。另外，若由县级政府牵头招商，这种方案也可以顺利的落实。

③采用竞争性程序招商

从国内乡镇污水处理投资运营市场来看，大部分项目都未经竞争性程序而直接交给一特定投资者承担。其客观原因在于乡镇污水处理项目大多商业条件欠佳，意向投资者较少，而县级以下政府大多欠缺类似项目招商运作经验。因此，一旦有投资者表达意向，往往会被政府视为救命稻草。

在没有竞争对手的情况下，投资者的要价条件通常会远远超出合理水平。而经过充分竞争的项目，不仅报价会远低于"一对一"谈判的项目，且各项合作条件也要明显优于后者。因此，从维护好政府和社会公共利益的角度出发，认为在条件允许的情况下，有必要采取竞争性招商程序。

④污水处理服务费的支付主体

现阶段，大部分乡镇的污水处理费征收情况都不太理想，难以实现收支平衡。由于乡镇政府财力大多有限，依靠乡镇财政维持污水厂的正常运转可能不太现实。

为确保乡镇污水厂能正常稳定运行，降低项目的投资风险，县政府有必要建立污水处理费征收体系，对各乡镇的污水费征收进行统筹管理；并作为付费主体，承担污水处理服务费的支出义务，在污水费收不抵支的情况下，由县财政对污水处理服务费进行弥补。

⑤聘请专业咨询机构

污水处理PPP项目打包招商交易程序复杂，涉及特许经营、水务行业、财务、法务、商务等众多领域，一般县级以下政府都不具备类似的专业人才和操作经验，若无专业咨询机构协助，则只能任由投资者主导协商和谈判，政府和社会公共利益难以得到保障。从行业内运作较为成功的PPP打包招商案例来看，无一例外地都聘请了专业咨询机构。

⑥建立健全PPP管理维护体制，实现污水、垃圾等处理设施的规范化、常态化运行

通过区域整合，将众多村镇的污水、垃圾等处理项目"捆绑"成一个大项目，从而发挥规模效益，通过公开招标的方式，委托有资质的环保企业，对连片整治设施和已建污水、垃圾等处理设施开展第三方运营，有效保证了治理效果。

⑦有效监管，严格奖惩

村镇污水处理设施数量较多，定时定量进行检查难度较大，应以抽查为主。对于政府委托企业运行和完全企业运营的处理设施，还可以通过公布举报电话、热线等方式发挥社会力量，特别是发动农民管水员来监督污水处理设施运行。对于政府直接管理的污水处理设施则必须由环保部门进行监督。

3 政府运作模式

长久以来，由政府筹资建设及运营污染物处理设施一直是国内大部分地区通用的做法。现今这样的模式似乎更加注重于提高民众的参与度。比如农村社区自治模式，即在可堆肥垃圾、不可回收垃圾和有害垃圾的收集

过程中，发挥农村的社区自治机制，让农民参与到垃圾收集活动中。首先，在垃圾分类投放环节，由村民相互监督、相互提醒，确保垃圾的正确分类。其次，每个分类收集点的垃圾收集环节，采取"以劳代资"等方式，由该收集点覆盖的村民自行运送到指定的垃圾集中点，农民通过付出劳动减少需缴纳的垃圾处理费，这样不但可以培育农民对垃圾分类收集的认同感和参与意识，促进垃圾的源头削减，而且也可以减少保洁员的人数，降低垃圾收集成本。

此外还存在着"农村环保合作社"模式，即由政府组织，村民参与，共同组建农村环保合作社，民主推选理事会，下设村级分社，向社会招聘农民保洁员。同时，成立由退休干部、退伍军人、老党员、在校优秀团员、少先队员组成的环保志愿者协会，形成集管理、清扫、宣传于一体的组织机构。

然而不能忽视的是政府作为运作主体存在着法律制度完善问题，组织机构建设问题，及环境治理资金短缺问题。而这几个问题的解决依赖于国家对农村环境的重视和对农村基础建设的支持。

（二）补贴机制研究

1 污水处理补贴机制研究

污水处理作为一项市政工程、公益工程，政府有义务和责任在建设、运行、检修等多方面对其进行投资和补贴。而在补贴民众的具体形式方面，很多人建议"以奖代补"，通过奖励的形式更好的调动民众参与环保。如果通过运行污水处理设施可以获得一定的经济利益或者其他收益，则可以大大提高其积极性。目前采用BOT运行模式即是其例之一。而对于政府委托企业运行和政府运行的模式，可以采用对村镇集体进行经济奖励和主管人员进行行政奖励的方式，提高其积极性。

面向流域治理的"费补共治"型农村环境政策。这一政策是指地方政府向农民收取环境费，再以奖励的方法补贴，以提高农村环境治理效果的环境政策，将政府的环境管制与农民参与治理相结合，并由第三方进行效果评价，以形成协作型环境治理结构，它将是对我国"以奖促治，以奖代补"的农村环境政策的探索和完善。

"费补共治"型农村环境政策设计思路（图4-5-1）中，政府收费是指县乡村级政府采取定期直接收取的方式对流域内村民收取环境费，包括垃圾处理费和污水治理费，即环境卫生费；农民参与是以出工代劳参与各种可量化的公共治理行为，不包括约束和改变自己的道德规制行为；奖补政策包括奖励和补助两部分，"奖"是指县乡级政府对环境效益好的村庄进行定期物质和精神奖励，"补"是对治理工程和公共治理行为进行补贴，也可以奖补合并，也可先奖后补或以奖代补；第三方评价是指包括以学者为主的学会（协会）的非政府组织NGO和公众对环境治理以抽查方式进行定期的公正评价过程。

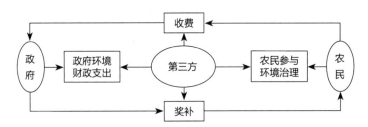

图4-5-1　面向流域的农村"费补共治"型环境政策的设计

2　垃圾处理补贴机制研究

垃圾处理的企业自身可创造一定收益，如将有机垃圾堆肥销售，可回收垃圾再生利用等。政府可在此之外再进行财政补贴或向村镇居民收取一定垃圾处理费以平衡企业收支并保证经济利益。

3　农业固体废弃物处理补贴机制研究

农业固体废弃物处理方向多为用于堆肥、产沼气等资源化再生利用模式，设备要求较高，先期投入较大，这方面可借助农机补贴减轻设备成本负担。

（三）投入机制研究

1 环境投入依据研究

城市确实因其本身产生的污染物向农村转移和从农村获取工业原材料及农产品而受益，但整体上并没有付给农村一定的补偿费用，我国环境法在原则和制度上对农村的环境保护是欠公平的。

2 环境投入标准及办法研究

村镇生活垃圾处理是村镇公共服务体系的组成部分，政府应进行适当的财政政策的倾斜。尤其在我国，大部分村镇还欠发达，农民收入水平不高，政府应切实承担起相应的组织、协调和引导责任，加大投入，逐步提高用于村镇生活垃圾处理的财政性支出，建立专项资金，加大政府的调控、支持力度。

此外，在坚持政府调控前提下，可以适当引入市场机制，如尝试实施乡镇地企业污水排污权交易，既能解决村镇环保资金短缺难题，又能使生活污水得到有效治理。通过税收优惠、信贷优先等多种鼓励政策，引导社会资金参与村镇环保基础设施建设，逐步完善政府，企业、个人、社会多元环保投资机制，努力做到"谁受益，谁付费"、"谁治理，谁收费"。

而除开政府专项资金投入之外，为充分发挥社会资金"哪需要用向哪"的灵活性、实用性及多效性的优势，环保部门也建立起各级政府多管齐下、社会多头并进的投入机制。

政府要在城乡统筹农村环境污染治理管理体制改革，实行政企分开、政事分开，将污染治理设施建设和运行推向市场，引入竞争机制，通过市场的力量，经过公开招标方式，选择投资主体和经营单位，吸收更多的民间资本投入。同时排污者与治污者适当分离，按照排污者付费，治污者收费的原则建立经济关系。充分发挥价格、税收、信贷等经济杠杆的作用，引导社会各方面和各种资金参与村镇环境保护。加快城乡统筹村镇生活污水、村镇废弃物处理市场化进程，向投资主体多元化的市场化方向转变。加大吸引外资投入城乡统筹生态一体化建设的力度，继续利用和更多地引进国际金融组织的多种贷款和直接使用非债务外资，鼓励外商直接投资环境基础设施和环保产业。协调党政机关与镇村建立环保定点挂钩帮扶制度，组织发动经济效益好、社会责任感强的企业开展"万企帮万村"活动。

在不增加农民负担的前提下，按照"一事一议"规定，发动农民筹资投劳，把政府支持、社会参与和农民自主投入紧密结合起来，多方面筹集农村环保资金。各级财政以"以奖代补、以补促投"形式，发挥财政资金"四两拨千斤"的作用，充分调动县、乡镇、村和广大企业、群众参与，增加投入，形成县、乡镇、村（企业）三级联动的投入机制。

3 长期稳定的村镇环境整治资金投入机制的建立

从发达国家经验看，世界各国大都是在进入工业化中期时开始实施工业反哺农业的政策，其本质是政府通过公共财政和产业发展政策支持农业发展和农村环境保护。我国也相应制定了"工业反哺农业"和"建设社会主义新农村"的战略决策，体现在村镇环境保护领域即加强对农村环境保护资金投入，村镇环保的投入应不低于环保总投入的50%的目标。为落实这一目标，必须建立相应的配套机制。

首先，应加快制定、完善和细化可操作的村镇环保基础设施建设和农业生产技术推广等方面的财政投入政策，逐步提高政府财政向村镇地区的转移支付比例，提高村镇环境保护基础设施、环境保护示范工程、环境保护技术应用等农村环境能力建设的投资强度，改变政府财政投资比例偏少的局面。

其次，应明确社会性污染防治的责任主体只能是地方政府。根据当前村镇环境的实际状况和改善农村环境质量的要求，省一级财政每年应保持一定的村镇环保投入，重点扶持欠发达地区的村镇环境保护。主要用于社会性污染治理和农业废弃物资源化项目补贴，欠发达地区沟河清淤清理的以奖代补，欠发达地区基层环保能力建设和跨行业的生态示范工程等。同时，市、县（市）、乡（镇）三级财政的每年投入也要纳入政府财政预算，投入的数额与比重应视当地财力做出相应的规定。

再次，通过制定和推行相关环境经济政策吸引外资和鼓励民资投入村镇污染防治与生态建设。逐步完善社会资金对村镇环境保护的投资的投入、利益分成及退出机制，实现投入有途径、利益有保障、退出有办法，降低社会资金对投资村镇环境保护的顾虑，积极引导社会资金对村镇环境保护的投资。

最后，企业履行相应义务。地处乡（镇）村的企业，除履行本单位污染防治的责任之外，因其利用了当地的环境资源与有关设施，应承担相应的村镇环境保护义务。

（四）长效运行机制研究

1 完善村镇环境管理机构

建立和完善各级村镇环境保护机构，是深入开展农村环境保护工作的前提，特别是在乡镇一级。建议借鉴在乡镇设立派出所（行政村设警务室）、工商所、税务所、农业技术推广站的做法，在乡镇普遍设置专门的环保行政管理机构，配备专职环保行政管理人员，并明确一名乡镇领导重点分管；同时，所有行政村均明确分管领导，明确专人负责环保管理，确保村镇环保队伍组织落实、工作落实。

环境监管模式可以借鉴国外环境管理体制的经验，实行地方行政首长负责与环境行政主管部门统一管理相结合模式，环境行政管理权由各级政府首长和环境保护行政主管部门共同行使。各级政府首长对本行政区域的环境保护负总责，并由各级政府分管领导（如省级政府副主席）兼任同级环保局局长职务，而环境行政主管部门则具体负责环保技术和污染纠纷处理等专业性问题。

政府分管领导兼任同级环保局局长，赋予环保机构较大的管理权限，可以强化同级政府所属职能部门和下级政府的环保责任，便于更好地协调各相关行政部门的环境监管权，增强环境执法队伍整体实力和执法效力，从而使环境管理过程中出现的种种阻力得以克服。

鉴于环境管理具有较强的专业性和技术性，由环境行政主管部门具体负责，可以为政府领导在业务方面提供咨询，从而使各种环境决策和重大管理措施在技术、经济、法律等各方面切实可行。

在乡镇增设环保管理机构，配备专职村镇环境管理干部和必要监测设施。县级财政和劳动人事部门要为乡镇环保管理机构提供一定的物质和人员保障，并为其配备相应的环境监管设施。其次要在县级以上环保部门设立专人专职负责村镇生态环保工作，逐步建立和完善村镇环境监测体系，加强农村饮用水源地和基本农田等重点区域的环境监测，定期公布农村环境状况。

此外，村民委员会作为有处理公共事务职能的群众性自治组织，也应该是村镇生活垃圾监督管理体系中的主体之一。因此，村民委员会要认识生活垃圾处理的重要性，积极配合乡（镇）政府和环保部门，落实生活垃圾处理工作。

2 构建"村—乡镇—县"的三级责任管理体系与绩效考评制度

在构建责任管理体系方面，制定了具体各级责任管理体系与制度如表4-5-1所示：

村—乡镇—县各级责任管理体系与制度表　　　　表4-5-1

	村民/菜农	小组/种养大户	村委	乡镇	区县	上级政府
垃圾	负责分类、集中存放，参与对环境和村乡工作监督举报	组织收集集中，负责监管，保障不乱弃	负责清理、外运，督查小组	负责集中处理货运处，督查村级工作	负责集中处理，组织技术监管、工作督查，绩效评估奖惩	负责资金配套、政策完善配套
污水	负责雨污分离，参与对环境和村乡工作监督举报	负责污水收集工程和系统管理维修	负责集中去毒处理（或入上级网），检测再利用	负责入网处理、技术指导、督查村级工作	负责入网处理，组织技术指导和监管、工作督查，绩效评估奖惩	负责基础设施建设和运行资金配套，政策完善配套
秸秆	配合实施秸秆还田，多余秸秆负责集中存放，参与对环境和村乡工作监督举报	负责秸秆还田，多余秸秆组织统一集中清运、监管，保障不焚烧、不丢弃	负责集中处理，资源化或运送专门部门单位处置，推广秸秆还田	负责建立集中专门资源化处理设施，核查村级工作	负责资源化技术指导，组织监管、工作督查、绩效评估奖惩	负责资金（含管理费用、补偿资金）配套，政策完善配套

	村民/菜农	小组/种养大户	村委	乡镇	区县	上级政府
畜禽粪便	参与对环境、养殖大户和村乡工作监督举报	配合保持适当的养殖规模。建设配套设施,负责设施运用、实施干湿分离、规范运送	负责督查养殖户遵章守法、设施报修服务、设施运行、废弃物资源化循环利用技术指导	负责设施建设和运行管理的技术指导,督查村级和养殖户工作	负责配套设施的规划、设计、建设、运行等技术指导,组织监管、工作督查、执法管理、绩效评估奖惩	负责资金(含管理费用、补偿资金)配套,政策完善配套
菜田垃圾	负责集中存放,参与对环境和村乡工作监督举报	负责配合建设必要收集场所和设施,组织集中清运,保障不丢弃	负责配合建设集中处理设施、干湿分离、资源化处理后再利用	负责相关技术指导,督查村级工作	负责配套设施的规划、建设、运行等技术指导,组织工作督查、绩效评估奖惩	负责资金(含管理费用、补偿资金)配套,政策完善配套
村庄环境	负责自己居家和院落整洁	负责组织村内公共活动区清扫	负责组织宣传、检查、评比	负责科普和卫生措施指导,督查村级工作	负责科普宣传材料、组织科普宣传活动和生活卫生指导,组织工作督查、绩效评估奖惩	负责奖励资金配套,政策完善配套

而在绩效考评方面,将垃圾治理问题作为考核政绩的标准之一,放在与经济发展同等重要的地位,对环境污染严重的地区,可以采取"一票制否决"原则,使领导干部真正从思想和行动上重视起来。激发村干部事业心和环境整治中的责任心,让村干部认识到搞好村镇环境卫生,是为民办实事、建设和谐新农村的主要内容,是一项上下关注的大事。从而充分调动党员干部和村领导的积极性,转变政绩观念,提高其环保意识。

3 构建环保监督下的多部门协调共管的村镇环境整治工作机制

村镇环境整治是一项涉及面广、社会性强的系统工程,应实行党委政府统一领导、环保部门统一监督、部门各司其职、公众广泛参与的工作机制。

各级党委政府应成立"村镇环境综合整治领导小组"负责统筹规划、综合协调,按统一的目标要求和标准组织实施,并由环保部门加强监督检查，组织考核与工作评价。省、市两级可设专家顾问组，对技术业务工作予以指导。

环保部门负责编制村镇环境综合整治规划计划，拟定目标要求、工作规范与考核验收标准，按环保法律法规统一监督管理，组织建设跨行业的综合性生态化建设示范工程，强化工业污染防治，实施村镇生态环境监测，建立村镇环境预警系统。

农业部门负责本系统的污染防治与农业生态保护，推行农业生产清洁化，会同经济部门组织推行农业废弃物资源化，组织推行农业生产社会化专业化服务。

建设部门将环境保护目标要求纳入乡镇、村镇规划、建设与管理，负责建设农村环保基础设施，推动建立农村社区环境公共服务体系。

水利部门负责河道清淤清理的组织实施，拆除河道违章搭建，清理行洪障碍，制止违章填河和侵占水面，推行节水灌溉。

农机部门负责推行作物秸秆机械化粉碎还田等项目进行。

经济部门负责推行农业废弃物资源化，推动资源综合利用企业化生产，推动综合利用产品、有机食品、绿色食品、无公害农产品规范进入市场。

发改部门负责组织拟定和落实环境经济政策，按农村环境综合整治目标，做好计划调度。

卫生部门将除害防病、卫生保健、农村改水改厕与环境保护目标要求接轨。

工商部门负责加强农业投入品的市场管理，按规定查禁剧毒高残留农药进入市场，依法查处销售食用受保护的动植物的不法行为。

财政部门负责农村环境综合整治所需资金的调度与落实。

宣传教育部门将环境保护纳入农村精神文明建设，开展环境保护宣传教育培训，倡导文明消费，革除陈规陋习，形成保护环境、崇尚文明的社会风尚。

农业、水利、建设、卫生、交通等部门已开展的各项工作，应按改善村镇环境质量的要求，进行调整、补充和延伸，将条线工作内容和工作目标整合到全面提高农民生活质量上来，形成工作合力。

（五）公众参与政策研究

1 建立村镇环保培训制度

环保培训不仅仅是针对负责垃圾清理的员工和政府人员，同样也是针对广大普通群众。有效利用现代信息技术和手段宣传环保知识：如广播、电视、网络、科教片等形式，逐步让农民树立农业资源忧患意识、环境保护的参与意识，满足不同层次的村镇劳动经营者对农业科技知识、技能、管理方法以及村镇生态环境建设等方面不断发展的多元化需求。同时要转变工作职能，增强基层干部的环保意识。加大环境保护的执法力度，从法制上保护村镇环境不受污染，做到村镇环境治理工作有制度、有投入、有考核、有人负责抓落实。

此外，还要采取多种多样的教育培训模式。如组织新闻媒体和教学单位下乡普及环保知识，采取图片、宣传册、多媒体等宣传教育形式，重点是乡镇和村一级要组织专门人员定期对农民进行环保知识教育，帮助农民群众熟悉和掌握相关环保常识、使广大村镇居民和各级基层干部了解农村环境恶化的现状及其危害性，促使其充分认识加强环境保护的重要性和紧迫感、同时组织力量编写村镇环境污染治理实施技术简易手册，以提高村镇居民、各级基层干部对农村环境污染治理的知识的普及程度和文化、科技、环保素质水平。

2 建立村镇环境信息公开制度

信息收集方面，信息的来源可以通过问卷调查、设立长期的村镇环境信息观察员制度，全农业村镇环境和污染动态监测网络体系，以及建立村镇环境信息平台等方式。用问卷调查的方式收集村镇环境保护信息，具有成本低、获得的信息代表性及针对性强的特点，在环境监测起步水平极低的村镇地区，问卷调查是个可行的方式。信息平台同时也是决策平台，它将村镇环境信息整合在一个完备的数据库中。环境主管部门、政府管理机构和广大公众可以通过与数据库相连的网站随时查询相关信息，其中公众具有反馈环境相关信息的自由。

环保部2011年发布的《关于进一步加强农村环境保护工作的意见》，对农村的信息不全问题提出了要求。政府应积极推动农村环境信息的公开化，既包括政府自身公开有关的农村环境信息和农村政策信息（即公布环境状况公报、公布重大农村环境决策、公布农村有关建设项目的信息和召开听证会等），也包括政府必须要求企业等相关组织公开有关排放污染物的信息、治理信息。

而信息公开的渠道包括新闻媒体，热线电话、公众信箱等。农民可以通过新闻媒体了解地方政府有关环境保护的情况，并且还可以通过媒体提出环境保护方面的建议，对破坏环境的行为予以曝光。建议乡镇政府、企业配置一些通信设备，方便农民反映环境问题，而且政府或企业可以对所反映的问题及时展开调查并尽早解决。

3 建立村镇环保理事会制度

近年来环境保护民间组织的迅速发展，其影响力在社会中逐步增大，公民积极加入其中，参加环境保护公益活动、宣传环保知识并对政府部门制定的法律法规提出完善建议，使其更能适用于实际问题。在农村建立农村环保理事会制度，农民积极参与乡镇环保决策，对于农村人居环境改善有切实的意义。

除了理事会本身之外，更重要的是要建设一套有能力保障理事会参与环保决策的公正制度，这就要求政府做到：实行环境决策民主化，尤其在村庄规划、农村生活污水、农村生活垃圾解决住宅与畜禽圈舍混杂、改善农村人居环境和村容村貌等新农村建设方面，举行论证会、听证会等，征求农民的意见，保护农民的环境权益。

4 建立村镇环境法律援助制度

有损害就要有救济，环境司法救济是村镇环境侵权竖起正义维护的最后一道屏障。要建立公益诉讼制度，保障农民环境权得以充分实现。因此，在公益诉讼的主体范围方面，应适当扩大；建立民间环保组织，吸收更多的保护主体，让环境保护在公众的监督下，发挥效能。在立法中应大幅度降低环境污染所引起的诉讼费用，在地方立法中应该尽可能地使村民免交或是缓交诉讼费用的范围扩大，充分降低村民捍卫环境权利的成本，为村民开创"绿色诉讼通道"。

此外，应针对由于污染问题导致利益损失的农村居民，提供信息援助和法律帮助，使其获知损害投诉和诉讼的渠道、程序、利害关系等。村镇环境法律援助制度对于保障农民的基本权利、促进社会稳定发挥重要的作用。

六　我国村镇环境整治优秀模式案例

（一）浙江桐庐模式——环境立县

桐庐县在城乡社会经济发展中，实施"环境立县"战略，以循环经济理念和生态城市建设为指导，以环境容量、自然资源承载能力和生态适宜度为依据，坚持以整体优化、协调共生、趋时开拓、区域分异、生态平衡和可持续发展的基本原理为指导，树立科学发展观，合理保护和利用各种资源，明确空间管理要求，控制合理的环境容量，以寻求最佳的城镇生态位. 建立健康、安全的生态支持体系，实施区域一体化发展. 加快新型工业化步伐，推进城镇化进程，大力发展生态经济，保护现有生态优势，实现资源生态保护性开发，走生产发展、生活富裕、生态良好的文明发展道路，精心打造"生态桐庐"。

桐庐县通过强化工业污染防治，加强农业污染治理，使全县集中式饮用水水源地水质达标率达100%，空气环境质量优良率达90%以上。桐庐县加快工业转型升级，全面发展现代循环农业，推

进美丽乡村建设，实施安全饮水工程，形成了生活垃圾处置和生活污水处理"县—乡—村"三级处置体系。

1　桐庐农村生活污水处理

桐庐农村生活污水处理工作的难题主要集中在"用地难""资金难""纳管难"和"观念难"方面。桐庐县创新工作思路，在全国率先采取

整村推进的办法，充分利用闲置地、夹缝地等进行污水处理设施的建设；成立"一办四组"，同步推进农村生活污水、农家乐污水、卫生改厕和旅游景点污染治理工作。

桐庐县于2009年初启动了农村生活污水治理整村推进和农家乐污水治理工作，始终坚持"因地制宜、注重结合、连片整治、统筹城乡、建管并举"，明确了农村生活污水治理的适用范围、处理原则、实施计划、管理要求和排放要求。全面推进"生态疗法"，采取人工湿地、无动力厌氧、小型沼气池等三种模式处理农村生活污水；先建设格栅装置和隔油池滤去废水中的固体物质和动植物油，再以无动力厌氧或人工湿地的方式处理农家乐污水。

目前，已投入使用的农村污水处理设施出水水质的监测结果表明，污水净化效果达到了国家规定的标准，基本实现了污水净化、村庄绿化、环境整治的"三重效果"。同时，农村生活污水、农家乐污水生态模式治理不仅不会破坏自然生态环境，而且充分利用闲置地、臭水塘、杂物堆放场所进行污水处理设施建设，能有效改善群众的居住生活环境。

2 桐庐农村生活垃圾处理

桐庐县全民动员，彻底清除溪沟、池塘、路边、房前屋后陈年垃圾，同时强化基础设施建设，投入1.5亿元新建县城垃圾无害化处理工程，配套建设乡镇垃圾中转站15个，形成全县"户集—村收—镇中转—县处理"城乡一体的生活垃圾无害化处置体系。

桐庐正在推进农村垃圾分类收集及资源化利用，村庄被划分为若干网格，在网格内设置固定分类投放点，村民将生活垃圾自行分类后，再放入对应投放点，每日回收。具体而言，垃圾分类要求以户为单位，根据生产生活垃圾是否可腐烂，分为可堆肥和不可堆肥两类。可堆肥垃圾包括剩菜剩饭、作物秸秆、饲养动物粪便等，投入蓝色可堆肥垃圾桶作资源化处置；建筑废弃物、塑料、金属等不可堆肥垃圾投入黄色垃圾桶，统一通过乡镇中转站送至县城作无害化焚烧处置。

通过"清洁桐庐"三年行动计划，农村生活垃圾得到彻底清理，农村环境面貌发生质的转变。同时，通过加强宣传教育，实行多方考核监督，

"户集、村收、镇中转、县处置"的城乡环卫一体化模式全面形成，使农村垃圾整治从突击走向了长效。

3 桐庐农村环境治理资金保障

在资金保障上，农村生活污水处理工程按350元/人予以补助，并配以相应的奖励政策；垃圾处理则实行县乡两级财政1：1配套60元/人·年卫生保洁补助，配备农村保洁员1712名，县乡两级每年财政补助资金达到2000余万元，实现了农村卫生保洁的精细化、常态化、规范化，也让农村环境面貌焕然一新。同时，积极推进生活垃圾分类收集，完成资源化综合利用试点工程。

4 桐庐农村环境治理长效机制

坚持建管并举原则，与新农村建设项目中的改水改厕、村容村貌整治、农村住房改造建设等工作相结合，由点位布局、材料质量、池体建造、填料摆放、管网设计、窨井尺寸等多环节和细微处入手，"抓大不放小"，为工程质量保驾护航。出台生活污水处理运行维护管理考核办法，落实专项资金和管理人员，实施与乡镇业绩考核和行政村补助挂钩考核机制。同时，积极探索运用信息化管理手段，着手建立农村生活污水处理工程数字化管理平台、智能移动导航巡查系统及快速监测反馈等管理新模式，切实提高管理实效。

桐庐县还全面抓好农业面源污染治理，散养畜禽污染经预处理后就近纳入农村生活污水处理工程再处理，提倡畜禽养殖污染立体化治理模式，全县100头以上的畜禽养殖场得到有效整治。开展重点产粮区"肥药双控"示范区建设，采用湿地生态化改造模式有效治理河沟池塘污染。

（二）湖南攸县模式——城乡同治

2009年以来，株洲攸县以"三创四化"（即创建国家或省级平安畅通县、卫生县城、文明县城、园林城市和绿化、亮化、美化、净化）和"洁净攸县大行动"为抓手，先县城、后镇区、再乡村，逐年梯次推进城乡环境卫生治理工作，接连荣获全国村镇建设先进县、全国绿化模范县等荣誉称号，并成功创建为"全国平安畅通县"、"省级卫生县城"。针对资源耗费大、利用不足，城乡环境不断恶化的现实，适时提出了"城乡环境同治"的系统工程，走出了一条不同寻常的发展道路。其经验做法，引起省内外乃至国家有关部门和领导的高度重视，中央政治局常委、国务院总理温家宝同志亲自批示"攸县城乡环境同治的经验值得重视"。

1 管理模式——四分法

首先，攸县在农村环境卫生治理方面，能创新管理模式，探索推行了"四分法"。

一是卫生分区责任包干。即将全村所辖卫生区域划分为村级公共区和农户责任区，村级公共区由村集体出资，聘用专门保洁员进行日常保洁维护，农户责任区由各农户按要求落实"三包"责任（包卫生、包秩序、包绿化），保持日常整洁。

二是垃圾分类减量，分散处理。每个农户配备一个垃圾池，采用"一凼、两池、三桶、四筐"方式，按照可回收垃圾、不可回收垃圾分户分类收集，并通过"回收、堆肥、焚烧、填埋"等方法化整为零，就地从简处理，做到厨余垃圾就地处理还土、可回收废旧物资集中回收利用、无回收利用价值的垃圾焚烧做填埋处理。

三是经费分级投入。主要包括县、乡（镇）、村三级投入模式。首先由县财政每年采取以奖代拨的方式预算乡（镇）村洁净行动的专项经费1000万元。其次是各乡镇根据实际情况，配套一定的工作经费，对重点村、中心村、贫困村给予适当财政支持。最后是各乡镇居民、各村（居）民自筹一部分资金，这就基本形成了财政下拨、部门支持、乡镇配套、村（居）组自筹相结合的多元多级投入模式。

四是分期考核评比。采用定期检查的方式考评，实行月抽查、季考核的方式，具体考核方式为一级一级考核，即采用县考核乡镇镇区、乡镇考核村、村考核组的方式。最后根据考核评比的结果来进行奖惩，并与干部的业绩考核挂钩，实行重奖重罚。

2 主体模式——五统一

科学合理布局回收站点，是做好再生资源回收利用工作的重要环节。当前，攸县从事废旧物资回收站点200多个，其中办理了工商登记的回收站点96个，这些站点普遍存在"规模小、分布散、管理乱、档次低"的现象，总体规划的缺失和站点布局的无序，导致了再生资源回收行业管理混乱、效益低下。要改变这一局面，必须结合城乡建设发展规划和新农村建设规划，科学制定回收网点建设规划。要按照"合理布局，便民快捷、保护环境"的原则和统一规划、统一标志、统一着装、统一价格、统一衡器、统一车辆、统一管理的"七统一"和经营规范的要求，在充分整合和利用现有再生资源回收渠道的基础上，建设一批规范化的回收网点，原则上做到"一乡一站，一村一点，一点一人"。再生资源回收工作要保证质量、提升效率，首要问题是建立规范统一的操作模式。工作中我们重点实行"五统一"原则：

一是统一回收渠道。严格按照"农户——村回收点——乡回收点——县回收公司"的统一渠道组织定向回收。

二是统一时间编排。回收工作按月定期开展，村回收点每月1～20日深入责任区域内各村民小组按照固定日程编排开展上门回收，21～23日进行分拣、打包，24～25日送售到乡回收站；而乡回收站每月21～23日到各村回收点回收有毒有害类废品并中转至县无害化处理场，24～25日送售各村回收点送售物资，26～28日进行二次分拣、打包，29～30日送售到县回收公司。

三是统一装备配置。对各回收站点标识、计量、服装、胸卡、车辆进行统一标志、统一配发。同时，为提高乡回收点工作的机动性和效能化，还专门配置了一台回收货车。

四是统一专业管理。定期组织回收从业人员开展业务培训，建立站点工作制度，并推行网店服务"公开承诺制"和"星级站点"评比，加强行业自律，杜绝压价、拒收等现象发生。

五是统一宣教行动。积极开展乡村干部进村入户大宣传，定期组织"大手拉小手""老手拉新手"等活动，推动再生资源回收知识普及。各村老年志愿服务队以"不讲回报、只为奉献"的精神，在动员群众积极参与回收工作中做出了突出贡献。

3 程序模式——六固定

攸县城乡环境综合治理需要长期性投入，再生资源的回收利用也是一项艰巨而繁杂的工程，为此，攸县采取了独特的程序模式"六定"制，具体内容如下：

（1）定地点。全县各回收站点实行统一挂牌，并公布相关信息，方便居民及回收人员送售和收购，原则上是"一乡一站，一村一点，一点一人"。

（2）定时间。回收公司负责编排和公布到各乡镇回收站收购时间，回收站负责编排和公布到各村回收点收购时间，各回收点负责编排和公布到各村小组收购时间。

（3）定种类。按可回收利用的废旧物资和不可回收利用的有害有毒的废弃物资分类收取。可回收利用废旧物资包括废纸类、塑料类、金属类、玻璃类、橡胶类、家用电器及电子产品类等；不可回收利用的有害有毒废弃物资包括废弃干电池、节能灯管等。可回收利用的废旧物资由公司收集分拣后，销售给加工利用企业；有害有毒废弃物资由各站点收集后，交公司统一进行无害化处理。

（4）定价格。根据市场行情，在全县范围内公布各类废旧物资的统一收购价。为确保量多、质轻、价值低的白色垃圾和有害有毒的废弃物资应收尽收，可通过调剂、听证和补贴等方式适当提高统一收购价。

（5）定规则。全县的废旧物资由回收公司安排回收人员持证按统一价格、统一种类、统一时间和统一地点依法依归收取。无证、违规违法收取废旧物资的人员由相关部门进行行政处罚，情节严重的追究其法律责任。

（6）定职责。回收公司负责全县范围内废旧物资回收及该项工作的业务指导和规范管理；各乡镇人民政府（街道办事处）配合做好相关工作，加强对辖区内废旧物资回收工作的宣传教化和督促指导；城乡同治办负责对各乡镇有害有毒废弃物资回收情况进行考核；回收人员按照公司的规定负责管辖片区的废旧物资回收工作。

4 运行模式——市场化

搞好城乡环境综合治理工作必须整合资源，组建公司，推行市场化（或公司）运作。我们采取政府主导、市场运作的模式，由县供销社负责组建注册资本金1000万以上的攸县再生资源公司（简称回收公司），实行企业化管理，由回收公司负责全县废旧物资回收网络建设和分拣处理中心建设的具体实施。通过申请、审核、培训等程序确定从业人员，持证上岗，优先考虑现有从业人员、村级卫生保洁员。回收站（点）原则上由从业人员自筹自建、自主经营、自负盈亏。

县再生资源回收公司是做好再生资源回收利用的核心载体，是环境综合治理重要的推动力量。县供销系统有从事废旧物资回收的工作基础和网络平台，完全具备组建再生资源回收公司的条件和优势。我们坚持采取政府引导、市场运作、多元投资的方式，以资本和资源为纽带，以项目建设为核心，全面整合供销系统和社会资源，尽快组建县再生资源回收公司，加快推进全县再生资源回收网络建设和分拣处理中心建设，全面实行企业化管理，突出资源整合，加强业务培训，规范行业运作，真正实现政府对资源和市场的有效管理。通过回收公司的带动，不断提高再生资源回收效益和加工处理水平，加快推进再生资源回收行业的产业化，加强农村再生资源回收队伍建设，优先从现有的从业人员和村级保洁员中考虑选定工作人员，通过规范化，专业化的培训，提高农村再生资源回收利用工作水平和组织化程度。

通过市场化运作，以经营改善环境，使环境提升效益。一是坚持公司化保洁。将城区主街道、小街小巷乡村公共区域的卫生保洁全部实行市场化、公司化运作和社会化管理相结合。二是坚持市场化经营。

5 推广模式——试点制

鸭塘铺乡地处攸县西部，辖10个村，178个村民小组，6922户，30168人。再生资源回收作为城乡环境同治工作的一项配套工程，是建设"两型社会"，实现资源节约、环境保护的有效途径，更是对人民负责、对子孙负责的一项重要工作。2011年7月以来，鸭塘铺乡在县委、县政府的正确领导下，在县供销社、县同治办等相关部门的大力支持下，以"六定"为统揽，以公共服务购买为基本模式，以政府引导、市场运作、科学考核、奖补推动为主要手段，以定点定责、定类定量、定向定期、定考定补为推进方法，积极探索试行再生资源回收工作，有效破解了再生资源回收的"谁来收、收什么、收多少、怎么收、怎么管"五个关键性问题。

在城乡同治工作中，攸县探索出了分类减量、分散处理农村垃圾，取得了良好的效果。那么分类出来的各类垃圾又该如何加以利用呢，为此，我们在鸭塘铺乡率先示范，建立了乡村两级废旧物资回收站。

首先，鸭塘铺乡对三十多名废旧物资回收员和村干部进行了培训。在培训活动中，鸭塘铺乡政府组织参训人员首先参观了乡村两级废旧物资回收站，详细了解废旧物资回收站的建设和管理模式以及各种废旧物资的分类、存放方式。

来自县供销社的工作人员重点就攸县废旧物资资源化、无害化处理工作相关政策进行了讲解，增强废旧物资回收人员的法律意识和业务技能，为鸭塘铺乡再生资源回收体系建设工作奠定了坚实的基础。

作为攸县废旧物资回收工作的试点乡镇，鸭塘铺乡自2011年7月开始着手开展此项工作，按照"一乡一站、一村一点"的网络布局，全面完成了一个乡级和十个村级废旧物资回收站的建设任务。

正是这种试点推广的办法，攸县城乡环境综合整治工作通过不断总结经验，才能一步步在全县范围内全面铺开，从而减少了阻力，降低了成本，收获了效益。

6 保障模式——考核制

攸县城乡环境综合整治工作得以顺利推行，首要保障模式是加强组织领导，实行严格考核。为确保再生资源回收利用工作顺利推进，县里面成立了由县委副书记任政委，常务副县长任组长，一位县委常委、一位副县长任副组长，有关部门负责人为成员的再生资源回收利用工作领导小组，具体负责再生资源回收利用工作的统筹、指导、协调和督促；各成员单位要切实履行职责，充分发挥作用，积极配合、全力支持抓好再生资源回收利用工作；各乡镇（街道办事处）要健全工作机制，明确专人负责，努力形成"政府统一领导，部门各司其职，社会齐抓共管"的工作格局。

再生资源回收利用工作领导小组办公室要发挥组织协调和督促检查的作用，定期组织人员进行督促检查，并及时通报工作情况。要制定出台《废旧物资回收利用考核办法》，把再生资源回收利用工作纳入"城乡同治、结对共建"工作范畴，列为乡镇（街道办事处）和村组城乡同治考核的重要内容，进行严格考核，实行一月一检查，一季一调度。要严格兑现奖惩，对考核排名靠前的，要给予表扬奖励；对考核排名靠后的，要给予通报批评；对严格影响全盘工作的，要启动问责程序。

（三）常熟模式——统一管理，统一规划，统一建设，统一运行

常熟市位于"长三角"经济带中心，是中国经济最强县级市之一。东倚上海、南接苏州、西邻无锡、北枕长江与南通隔江相望。市域面积1276平方公里，户籍人口106万，城镇人口76万，全市城镇化率达到72%。地处太湖流域，河网密布，水系发达，全市有5000多条河流、水域面积达388平方公里。随着经济的发展和城镇化建设的推进，水环境污染问题愈发突出，2007年太湖蓝藻事件更给我们敲响了警钟。

自2008年开始，常熟市把农村生活污水治理纳入城乡一体化发展的主要内容之一，在加大城市水环境治理的同时，提出了统筹治理农村生活污水的目标计划，按照"统一管理，统一规划，统一建设，统一运行"的工作思路，扎实有效地推进农村生活污水治理工作。目前，全市已建成并投用生活污水处理厂11座，污水提升泵站53座，形成污水处理能力29.2万吨/日；完成261个分散式村庄生活污水治理，新建分散式污水治理设施685个，分散式污水治理设施总数从15个提高到700个，农村污水处理率由10%提高到60%左右。在农村生活污水处理设施建设的数量质量与运行效果等方面，均居全国领先水平，常熟市也因此被住建部评为"县域村镇污水综合治理示范区"和"城市水体污染治理和水环境改善示范城市"。

1 整治之初存在的问题

在2008年实施农村生活污水统筹治理之前，常熟市农村生活污水治理工作也存在着诸多问题，主要集中在：

（1）治污设施少而散。设施绝大部分为各镇或村出资建设，缺少统一规划，也无相应配套的政策支撑，缺乏可持续性和连贯性。截至2008年底，全市仅建有小规模的生活污水处理站6座，处理规模约4600吨/天，分散式污水处理设施15套，处理规模2800吨/日，农村生活污水处理率不足10%。

（2）日常管理不到位。各镇各自为政，既没有统一的管理标准和规范，也没有专门的机构进行监管，治污设备的实际运行效果无法评估。

（3）日常运行不规范。生活污水处理设施的日常维护保养由属地负责，缺少必要的专业知识和技能，造成大部分设施故障率较高，正常运转率偏低，污水治理的实际成效不佳。

2 常熟模式主要做法

从2009年开始，常熟市把农村生活污水治理作为控制农村面源污染、提高城乡水环境质量和村庄综合整治水平的一项重要工程来抓，按照"四统一"的思路，制定了全市农村生活污水治理三年行动计划（2009～2011年）以及城乡生活污水治理提优工程计划，明确工作目标，集中精力和财力，加快推进全市农村生活污水治理工程建设。

（1）统一规划，优化布局。按照"城乡一体、统筹推进"的思路，2008年，我市启动编制"镇村污水处理专项规划"，打破行政区域的界限，以集中式污水处理系统为主，分散式污水处理设施为辅，合理布局城乡污水处理系统。对远离城镇的农村区域，按照水域保护要求，重点规划建设分散式处理设施，其中阳澄湖水源保护区和太湖流域引清通道—望虞河沿线按处理率80%规划布点、其他区域按处理率60%规划布点，基本做到了专项规划全覆盖。

（2）统一建设，保质保量。组建国有独资的市江南水务有限公司，作为项目建设主体，统一推进城乡生活污水治理工程建设。公司主要承担项目融资和集中式生活污水处理设施建设，以及城乡生活污水处理厂、污水收集管网、污水泵站的运行维护，同时，由市住建局统一负责村庄生活污水分散式治理工程的建设计划制定、工程建设督导和污水处理设备的优选推荐，并负责分散式污水管网的设计，市财政采用"以奖代补"的方式，按工程造价的80%标准予以补贴。

（3）统一管理，明确职责。明确了由市住建局作为行业主管部门、市环保部门依法监督，其他部门协调配合的城乡生活污水治理体制，并将全市生活污水处理厂、分散式污水处理设施全部纳入行业管理范围。今年，为进一步明晰行业管理职能，新成立了市给水和排水管理所，从体制上理顺了管理关系，为全面推进城乡生活污水治理工作奠定了基础。

（4）统一运行，确保长效。目前，常熟市纳入一体运行的污水处理厂共有11座，其中城区3座（城北、城南、城西）由常熟污水处理厂负责运行，乡镇区域的8座中，除滨江污水厂等3座实行市场化运作外，其余由市江南水务有限公司集中运行。对分散式生活污水处理设施，委托专业第三方运行公司具体负责运行和维护。经过两年多的运行实践，全市污水处理设施的完好率和正常运转率提高到98%以上。

3 今后的工作方向

基于从"十一五"到"十二五"期间的努力，常熟市已经初步探索出一条农村环境改善与生活污水治理之路，形成了一套具有较强可操作性的县域农村污水统筹治理的解决方案。下阶段，将根据苏州市委市政府的工作要求，着眼城乡一体化发展，结合村庄布局规划，统筹兼顾，立足长远，进一步提升常熟市城乡生活污水治理水平。

（1）深化城乡污水治理工程。按照"苏州市农村生活污水治理三年行动计划"要求，计划投资15亿元实施城乡生活污水提升优化工程，进一步提高城乡生活污水治理工程的实施效率，使全市11座生活污水处理厂的平均负荷率从目前的57%提高到85%以上，并将建设的重心转移至收水支管上，彻底解决污水收集"最后一公里"的问题，切实提高污水处理厂平均负荷率，使全市乡镇区域368个住宅小区、419家企事业单位全部实现生活污水集中收集。同时，结合村庄布局规划和综合整治村庄规划，力争用三年时间，实现重点村、特色村污水处理全覆盖，农村污水处理率达80%。

（2）加强城乡污水治理体系建设。按照"职责清晰、分工合理、监管到位、运行高效"的原则，推进城乡生活污水治理的管理体系建设，逐步建立市、镇、村三级监管网络，完善相关管理机构和监管技术机构建设。同时，按照"量力而行、适度提前"的原则，加强城乡生活污水治理的技术体系建设，研究制订常熟市城乡污水统筹治理技术标准与行业管理办法；以城乡分散污水治理为重点，制定地方性分散污水治理的环境标准、行业标准以及技术规范、规程与指南等。

（3）打造城乡污水治理的产业高地。常熟市城乡污水治理实践吸引了包括中国北车、日本久保田等世界知名企业的高度关注，下一步我市将和相关企业密切合作，加强技术的深度开发和产业培育。开展城乡污水治理的产业建设，培育并形成一个集"净化槽、立体氧化沟、真空排导、真空源分离"等为核心技术为一体的产业集群。加强与中科院的合作，重点围绕分散污水治理在政策、技术、培训等方面的产业需求，共建集"政策研究、技术研发、技术认证、教育培训"为一体的城乡污水治理技术中心，为全面开展县域污水统筹治理的政策研究和技术研发提供平台载体，将常熟打造成一个具有全国影响的环保产学研中心，实现污水治理的"常熟模式"向"常熟管理标准、技术规范、设备产品和培训服务"的转变和提升。

（四）宁夏永宁模式——资源回用

永宁县地处宁夏平原中部，深居内陆，属中温带干旱天气气候，具有明显的大陆性气候特征。气候特点是：冬长且寒，夏短且热；气温日较差大，春暖快，秋凉早，四季分明；光照充足，热量资源丰富；降水少，蒸发强烈，水资源匮乏；因此在污水处理过程中要实现资源化回用。

1 永宁农村生活污水处理

（1）成品环保化粪池技术

在原老式化粪池基础上改进的一种替代环保产品，主要结构包括酸化沉淀池、厌氧生物滤池，其最大优点是省工省时，施工期短，清淘周期长（2～3年一次），污泥量只是老式化粪池的一半，在末端过滤池中设置了生物滤料，排水水质均符合国家环保排放标准。成品环保化粪池克服了冬季无法施工的难题，安装不受季节限制。

项目示范范围为原隆村安置区C、D两个小区，总人口709户，3105人。结合建设实际，与其他资金建成的污水主管网相对接，采用雨污合流形式，配套600毫米的主干管485米，和500毫米主干管892米，砖砌检查井34座，雨水箅68个。末端采用3套100立方米钢筋混凝土成品环保化粪池、1套玻璃钢材质、三个厌氧化粪池进行处理。

（2）合并式净化槽技术

把化粪池和净化槽合并设计成为一体，装置的前两格对污水进行预处理的，作用类似于化粪池，后段为净化槽，该生活污水净化槽处理系统由沉淀及预处理区、生化处理区和回流装置组成。在好氧区内底部设有均匀分布的曝管，在沉淀区的右侧中部设置有出水口。生化区包括由四个隔板隔离而成的厌氧收集区、厌氧硝化区、接触曝气区、清水沉淀区、消毒区及位于净水槽顶部的硝化液回流系统和位于净水槽底部的污泥回流系统，净化槽上还设置有三个检查口，方便检修和观察。

示范工程建设于原隆村，选取村庄西北角新入住户30户为合并式净化槽使用户，净化处理后的水，可以用于附近区域景观用水或者农田、草木的浇灌。

（3）地埋式一体化技术

主要工艺环节为，调节池、缺氧池、曝气池、沉淀池。生活污水经排水管道收集进入调节池，调节池对水量水质调节后进入缺氧池，缺氧池对污水进行初步的酸化分解反应后进入曝气池，曝气池通过生物接触氧化去除污水中的主要有机物，曝气池处理后的水进入沉淀池将产生的污泥进行沉淀，污泥通过污泥泵定期清理，沉淀后的水通过排放口排放。

用于农村生活污水处理的"地埋式一体化污水处理技术"在望远镇政权村建成运行，污水处理系统设计规模为110立方米/天，即平均小时处理能力为5立方米/小时，污水处理设施24小时自控运行。

（4）生活污水回用技术

生活污水经过上述技术处理之后，出水进入储水池，在储水池中收集到足够的水后，用潜水泵将水抽出用于绿化浇灌、道路降尘。该回用模式在干旱缺水的宁夏非常实用，新农村环境有待改善，绿化草坪和树木都需要定时浇灌，处理后的水用于这些绿化带的浇灌较节省大量水资源。

农村生活污水经过处理后回用于非作物类种植的灌溉、绿化用水、景观用水等，既可提高水资源的利用率，也可补充水源，同时也减轻了污水处理的投资。特别是把污水处理中难于去除的氮、磷等营养物作为农作物的肥料，这也一定程度上避免生活污水直接排入水体而引起富营养化。污水回灌前要求水质必须达花草林木灌溉和景观用水标准，这样才能保证在中水回用中不会对生态环境产生不良影响。

2 永宁农村生活垃圾处理

（1）垃圾分类收集方式

为探索适合当地的垃圾处理模式，本次试验选取原隆村20户农户实施源头垃圾分类示范，具体试验过程：为示范农户配置相应的垃圾桶，农户将生活垃圾分为有机垃圾、无机垃圾、塑料垃圾、有害垃圾4类投放；由一名保洁员负责垃圾收集、转运和处置工作；利用村周边闲置土地建设简易堆肥坑和填埋坑，分别用以处理有机垃圾与无机垃圾；塑料垃圾与有害垃圾采取统一收集变卖或暂存的方式，由村委会集中处理。本次试验所采取的这种垃圾分类处理模式简称为"村民定点存放、保洁员收集运输、村统一处理"模式。

（2）垃圾分类管理方案

本次分类示范通过实施奖励措施以及设定村委会、保洁员、农户三方面的责任来保证垃圾分类的有效进行，奖励措施的实施对于培养农户垃圾分类的意识也有一定的促进作用。

奖励措施：对示范农户发放分类合格登记表，委托保洁员对农户垃圾分类进行辨别，对分类合格的农户，保洁员盖章予以登记，农户达到相应合格次数则奖励适当生活必需品，同时设立垃圾随意堆放举报奖励制度。

三方责任：委托村委会成立垃圾分类领导小组，与保洁员签署垃圾收集责任书，同时负责监督保洁员和村民的职责完成情况以及奖励措施的发放情况；保洁员按照垃圾分类收集方案做好相应的垃圾收集管理以及合格盖章工作，同时接受示范农户及村委会的监督；示范农户保证自觉地进行垃圾分类以及院外、院内、室内环境卫生的干净整洁，同时监督保洁员职责的完成情况，并在分类合格的情况下向村委会领取奖励。

（3）垃圾处理模式研究

本课题对农村垃圾处理模式的研究是基于"3R"处理模式。"3R"原则即垃圾处理的减量化、资源化和生态化，基于"3R"原则的垃圾处理是今后农村生活垃圾处理方式的正确方向。在此基础上，处理好政府、市场和村民间的关系，是真正解决日益严重的"垃圾围村"问题的有效途径。

生活垃圾"3R"处理模式图见图4-6-1。

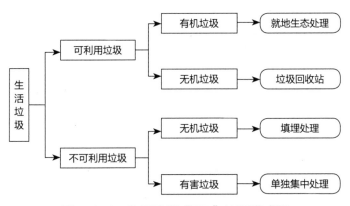

图4-6-1　生活垃圾"3R"处理模式图

建立适合农村社会经济和自然条件并可持续运行的农村生活垃圾管理模式，对改善农村环境质量和农村环境卫生条件有着重要作用和意义。通过本课题中对原隆村垃圾分类试验得出，鉴于原隆村经济发展一般的实际，垃圾无害化应成为这类农村垃圾处理的首要方式。考虑到村落的聚集性，危废垃圾采取统一收集，集中处置的方式是一种适宜的途径。由于原隆村是宁夏典型的移民搬迁村，农户平常生活中取暖做饭都用煤，产生大量灰分，这些灰分和其他无机灰土垃圾在清扫收集时和其他生活垃圾分开收集，直接送入填埋场。而其余生活垃圾通过两次分类，可利用的垃圾基本全部回收，剩余的有机垃圾和养殖粪便调配后堆沤发酵。由于垃圾处理是一个长期的行为，随着经济条件的改善，垃圾资源化为最理想的处置途径。农村生活垃圾中有利用价值的成分占有相当大的比重，西北其他地区的农村也用本课题研究中的生活垃圾分类方式，同时，可以因地制宜地进行资源化处理。例如，有机垃圾堆肥、炉渣用来铺路筑坝，不可降解垃圾可以按危害性的大小分别进行回收处理等。因此，宜采取循序渐进的方式，通过教育宣传培养农户的分类习惯，提高垃圾管理的资金投入等措施，逐步实施垃圾合理分类，最终实现农村垃圾无害化向垃圾分类资源化的过渡。

3 运行管理及保障措施

（1）运行管理

运行过程中主要产生的费用包括人员工资、电费、垃圾设施的维护费用、运输费用以及设备的维修费用。根据自治区政府与22个县区签订的2012年农村连片整治环境目标责任书内容，本项目实施验收后，后续运行费用由永宁县人民政府承担。

永宁县人民政府严格按照由中国环境科学研究院制定的自治区农村环境连片整治"九项制度"，由闽宁镇制定具体、完善的管理制度，加强村庄环境的管理实施工作，具体管理方案见附件。根据实际情况以村为单位设置专门的负责人员，对辖区内的道路、公共场所的环境卫生及垃圾的清扫，收集工作进行实施、管理和监督。通过对环境保护重要性的教育、宣传、表彰、树立模范人物等工作，使村民树立起环境保护的意识，调动起村民开展环境保护的积极性，引导村民发展适合农村建设的乡风习俗，创造卫生、和谐、文明的乡村环境。

（2）保障措施

1）组织保障

组织保障包括了成立示范项目领导小组，加大农村环保宣传教育力度、加强部门协调等工作，严格遵守自治区2010～2012年农村环境连片整治示范工作方案及永宁县人民政府与自治区人民政府签订的宁夏农村连片整治示范目标责任书中的规定。

2）资金管理

资金管理严格由中国环境科学研究院指导编制的《宁夏农村环境连片整治专项资金管理暂行办法》执行。

3）技术保障

①方案及项目施工图的设计

在严格遵守设计规范及行业标准的基础上，设计人员会同测量，地质勘查等技术人员与示范区负责人进行了深入沟通，仔细了解示范区的情况，并多次进行实地踏勘，结合实际，因地制宜，对本项目做出了符合当地的方案，达到了项目区农村环保项目的最优化。

②成立项目专家技术咨询和验收组

通过咨询专家领导及专业技术人员，解决实施的技术问题，参照工程建设技术标准和规范，落实示范建设工作，实现质量、投资、工期控制目标，依托项目总体技术组对工程进行验收工作。

③加强对项目区内相关管理人员和技术人员的培训

工程各项目区采取"政府组织、专家领衔、部门合作、公众参与"的工作方针和"上下结合、市县协调"的方案编制方式，科学规划，统筹安排，编制符合实际、具有指导性、操作性的各项目区的实施方案，确保工程项目顺利有序实施。

④建立项目建设动态监管体系

进行实地检查和调查，建立项目建设动态监管体系，为项目监管提供强有力的技术支撑和信息保障，保障项目建设功效的发挥。实现项目建设的环境效益、社会效益和经济效益的充分发挥。

⑤建立项目绩效评价体系

根据项目的实际情况和特点，建立项目绩效评价体系，对于环境、社会效益进行追踪问效，确保项目功效的及时、充分发挥。

七 村镇环境基础设施建设建议

（一）构建我国村镇环境整治责任管理体系

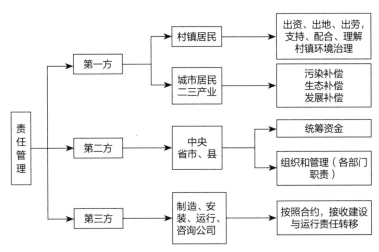

图4-7-1 我国村镇环境整治责任管理体系示意

1 建立城乡统筹的环境保护体制机制

统筹兼顾、协同推进城乡环境保护，把村镇环境保护摆上与城市环境保护同等重要的地位，促进城乡环境质量全面改善。完善城乡统筹的环境保护与建设管理体制，形成全覆盖、网络化的环境保护省、市、县三级监管体系。严格执行建设项目环评，推进战略与环评规划。加强城乡污水处理、水资源利用与保护设施、防洪设施等的整体协调，推进城乡之间、区域之间环境保护基础设施共建共享，形成城乡统筹的生态环境综合保护与建设新格局。

2 明确各级责任主体的管理职能

村镇环境治理设施的建设与维护管理主要涉及以下机构：中央政府，

区县政府、乡镇政府及业主。其中中央政府层面主要负责提供建设和奖励资金及行业指导；区县政府主要负责监督及配套资金与技术指导，以及该地区村镇环境整治工作的整体推进；乡镇政府主要负责日常管理；业主则参与专业公司运行。

对于污染处理设施的运行维护则建议按以下两种情况执行：（1）技术要求高工艺（如MBR等）建议由与专业公司相结合由政府出资购买服务专业公司负责管理；（2）管理简单工艺（人工湿地等）建议由专业公司指导用户自行管理。政府部门对上述运行维护模式中涉及的专业公司实行监管。

3 建立事后评估制度

为避免运行中的问题不能有效反馈到设计环节，设计中的错误一再重复，建立事后评估制度。通过问卷调查，结合现场实测运行结果，评估验证工艺的运行效果，反馈修改设计。

（二）完善村镇环境基础设施建设投入机制政策框架

村镇环境整治立法远远落后于环境问题的出现和环境管理的发展速度，许多新的管理和补偿模式没有相应的法律法规给予肯定和支持，一些重要法规对环境保护和补偿的规范不到位，使村镇环境整治资金渠道单一，使所需资金严重不足等。村镇环境整治投入涉及公共管理的许多层面和领域，需要构建一下政策框架：

1 村镇环保多元化投资机制

由于村镇环境整治项目建设地点分散、单项工程资金量较小，对社会资本吸引力不足，建议通过区域整合，将众多村镇的污水处理项目"优化组合"成一个大项目，从而发挥打包PPP模式规模效益，提升村镇环境整治项目的财务生存能力；以县（区）为付费主体，确保专业公司实现建设运营项目可靠的现金流。通过公开招标的方式，委托有资质的环保企业，对村镇环境整治设施开展第三方运营。

2 政府设立村镇环保专项资金，加大资金投入力度

党中央及地方各级政府应结合实际，设立村镇环境保护专项资金，采用"以奖促治"的方式支持村镇环境综合整治，采用"以奖代补"的方式促进村镇环保基础设施建设。

省级政府部门要将村镇环境保护作为公共财政支出和保障的重点之一，列入年度财政预算，根据财力可能进一步加大投入，重点加大规划确定的重点任务资金投入，并向村镇环境保护倾斜，切实管好用好中央村镇环保专项补助资金和省村镇环境综合整治以奖代补专项资金，努力发挥资金的引导和激励作用。加大对村镇环境基础设施建设的投入力度，积极推进建立村镇环境保护基础设施运行经费保障机制，加强对生活垃圾收集与处置、生活污水处理等设施运行管理的长期财政扶持。同时积极利用好中央财政对村镇环境保护的投入政策，组织各地申请中央财政资金补助。

各县区、各有关部门和单位要积极争取国家、省村镇环境保护项目资金以及国外的贷款与捐赠；在安排专项资金投入的同时，还要建立专项资金区、市、县三级督查制度，在环保项目建设过程中，严格执行责任制、报账制、招投标制，确保环保资金专款专用。环保部门要积极申请环保专项资金，同时发动乡镇政府，争取国家对口项目补贴；政府研究制订优惠政策，运用市场机制吸引各类社会资金参与村镇环境基础设施建设。

（三）构建村镇环境整治技术体系

1 建立不同的整治模式，实现集中与分散的有机结合

城镇周边的农村污水纳入城镇污水管网，纳入市政管网统一处理；村庄人口密度较大、远离城镇的农村地区，建设以村庄为单位的污水处理设施。在上述地区但人口密度较稀的农村地区建设以户为单位的污水处理设施。

镇负责统一收运各村垃圾收集点集中的垃圾。离县（市）无害化处理场距离≤5公里的村镇，可直接将生活垃圾运输至县（市）无害化处理场进

行处理；离县（市）无害化处理场距离＞5公里的村镇，可将生活垃圾运至镇级转运站，压缩减容，再转运至县（市）或镇级无害化处理场；转运距离≥30公里的，可将生活垃圾运至镇级无害化处理场或由县（市）统筹增加建设二级转运站，再将生活垃圾转运至县（市）无害化处理场；偏远山区、海岛村等较为封闭，不具备交通运输条件的特例村庄就近选址建设村级处理场。村镇环境整治过程中，鼓励实现废弃物的资源化利用。

2 出台村镇环境整治项目技术标准和规范

建议尽快出台村镇环境整治项目技术标准和规范，特别是农村生活污水排放标准。从生活污染治理系统的制造、安装、维护、清理、检查等多方面建立完善的技术标准体系等。应首先建立国家的农村生活污水治理技术标准，该标准是最低的标准，不同地方政府可以根据实际情况，制定适合该地区的技术标准，与已制定村镇生活污染防治技术政策相衔接。严把质量关，促进后期运行监管有章可循。

建立专业化服务体系，仿效日本在农村污水治理的建设与运行中广泛采用第三方服务的模式，由具备资质的公司生产设备和其他配件，由专门的公司和经过培训的人员分别负责系统的安装、维护检修与运行保障工作，确保了农村生活污水治理设施的建设、运行与维护的质量。地方政府提供专业培训，并对专业人员和服务公司进行资质认证。

3 成立技术推广平台

我国不同区域村镇环境保护的重点与模式需和当地村镇环境特点相结合，结合各地村镇环境保护工作实践，总结提炼出适合不同区域的村镇环境保护模式组合，建议成立成熟技术项目库和技术推广平台，提供治理效益好的典型项目案例，为后期更多的村镇环境整治提供优秀项目和实施模板，节约前期建设成本。建议将村镇地区常用的生态处理技术——人工湿地，土地渗滤系统和稳定塘等纳入污水减排措施中，完善村镇地区的污水减排计划。

（四）注重教育及公众参与

1 统筹城乡环境保护宣传教育，提高村镇居民环保意识

针对城乡环境保护宣传教育不平衡的实际，逐步将环境保护宣传教育向广大村镇地区扩展，要让村镇居民和城里居民享受同等的环境宣传教育的权利，通过环境保护宣传让村镇居民提升环境保护意识，享有对环境污染及生态破坏的知情权和补偿权，自觉参与环境保护工作。

2 完善村镇环境保护教育培训体系

加大村镇基层领导及广大居民的环境教育培训力度，提高环境与发展综合决策能力。组织企业法人代表、在职干部及职工参加环保培训，进一步增强干部职工的环境意识和参与保护环境的自觉性。在村镇定期开展环境保护知识和技能培训，广泛听取村镇居民对涉及自身权益环保项目的意见和建议；尤其在村庄规划、村镇生活污水、村镇生活垃圾解决住宅与畜禽圈舍混杂、改善村镇人居环境和村容村貌等新农村建设方面。

建立环境信息公开制度，定期发布有关环境监测信息和科技标准，要实行环境信息公开化，尊重村镇居民知情权、参与权和监督权，从整体上提高群众的环境意识，使其主动参与、支持、关心环境保护事业。

课题五
村镇文化、特色风貌与
绿色建筑研究

项目委托单位：中国工程院

项目承担单位：中国建筑设计院有限公司

项目负责人：崔　恺　院士

　　　　　　刘加平　院士

课题主要参加人：

郭海鞍　高级建筑师、博士研究生

张　群　教授

王　蔚　教授、博士研究生

赵　辉　教授级高级规划师

单彦名　高级规划师、博士研究生

薛玉峰　高级规划师

沈一婷　博士研究生

张　笛　硕士研究生

陈一薇　硕士研究生

一 研究背景及方法、路径

（一）研究背景

1 课题概况

本课题是中国工程院2014-2015年度的重大咨询项目《村镇规划建设与管理》中的课题——《村镇文化、特色风貌与绿色建筑研究》。

本课题研究包含两大部分：第一部分为村镇文化和特色风貌，第二部分为村镇绿色建筑设计研究。

2 概念界定和解析

（1）概念界定

村镇：即村和镇。本课题研究范围以"村"为主，涵盖与乡村风貌比较接近的小城镇、古镇、特色小镇等。因此，本报告撰写过程中将多以"乡村"替代"村镇"一词。

乡村：依据《辞海》，共三个含义：①村庄。②今亦泛指农村。③乡里，家乡。本报告中三种含义兼有之，指村庄，农村以及能够记载乡愁的乡里、家乡。

文化：广义指人类在社会历史实践中所创造的物质财富和精神财富的总和。狭义指社会的意识形态以及与之相适应的制度和组织机构。尽管辞海给出这样的阐释，但事实上文化的概念非常庞杂，有上千种定义，本课题中的含义着重强调与"风貌"相关的物质文明和对"风貌"有着重要影响的社会意识形态、制度关系等。

风貌：风格和面貌，亦说景象。

特色：事物表现出来的独特的形式语言特征，包括空间、造型、材料、装饰、色彩、工艺、人文活动、环境景观等。本文着重强调区别于城市的，乡土的，独特的，立足本土的特点。

（2）概念解析

1）乡村风貌

乡村风貌是指乡村呈现出的景象、外貌，包括乡村的环境特色、空间格局、建筑宅院、人文活动等要素。以往对乡村风貌的理解常常指强调乡村的房屋建筑，而常常忽视周边环境特色和乡村生活场景等重要方面，特别是乡村的环境背景，就像是一幅山水画的远景，一旦破坏，再好的乡村形象也无所依存。（如图5-1-1）

图5-1-1 乡村风貌构成示意图（江苏省昆山市东、西浜村）

2）乡村风貌主要体现

描绘乡村风貌，从外到内依次包括：环境背景、空间格局、建筑宅院、景观要素等，这些方面共同造就了乡村的形象，形成了人们对乡村的印象和理解。这些方面的具体内容如下：

环境特色：指乡村的山水格局，地质风貌。包括山峦湖泊、地形地貌、农田植被等。

空间格局：指乡村的规划布局，空间构成。包括聚落形态、宽街窄巷、庭院广场等。

建筑宅院：指乡村的房屋建筑，宅地院落。包括公共建筑、民房农舍、库、坊、棚、圈等。

人文活动：指乡村的生活状态。如生活和劳作的呈现，集市、节庆等人文活动，是乡村风貌的重要组成部分。

图5-1-2　祖祠堂里的老人节
（广东省佛山市茶基村）

3）乡村文化

乡村文化是指在存在于乡村生活中，由乡村居民世世代代不断传承与发展的观念和意识形态。乡村文化是一种"活态"的传承与发展，既有传统特色，又有时代特征。包括乡风民俗、观念信仰、乡音方言、歌舞艺术、戏曲民谣、传统工艺、村规民约、宗法制度、节庆祭典、邻里关系、社会组织等方方面面。

4）乡村文化与乡村风貌的关系

乡村文化与乡村风貌是内在与外在的关系：乡村风貌是乡村文化的展现；乡村文化是乡村风貌的内涵。有特色的乡村风貌，一定是积极健康，富有特色的乡村文化，从内而外、自然而然地体现出来的。悉数我国上千年来那些传世经典的名村古镇，无不是一个时期文化昌盛的历史印记。

5）乡村的特色风貌

乡村的特色风貌是指乡村呈现出的区别于其他的乡村，具有鲜明地域特征和乡土气息的风格与外貌。这里之所以强调区别于其他乡村，是因为在村镇发展过程中出现了千村一面的普遍现象，这一方面是受到外来的生活、观念和技术的影响；另一方面也是对自身的特色认识不足或缺乏自觉意识。而有意识的，保持和强化自身的特色，是乡村建设中非常重要的导向。

6）保持乡村特色风貌的意义

①尊重历史，传承文化习近平同志指出"中华传统文化是我们最深厚的软实力。"而中华文明起源于乡村，哺育于乡村，承载于乡村，特别是在当今全球化的大背景下，乡村被喻为中华传统文化最后的阵地。尊重中华文明传承的历史，保持乡村历史文化的特色，传承乡土文化，使其免受

国际化大潮的趋同，对于保护中华文明，有着刻不容缓的意义。

②尊重农民，留下乡愁农耕文化是中华文明的本源，数千年来，农业一直是神州华夏的立国之本，农民一直是国家建设的中流砥柱。作为农业大国，尊重农民，为农民创造安居乐业的生活环境，一直是国家发展的第一要务。随着我国城镇化进程的加快，农民的数量在减少，身份在转变，农村的环境在变化，风貌在聚变，在这样的过程中，如何通过传统风貌的保护使农民记得住乡愁，对家乡有归属感和依恋的乡情，是对农民的最重要的人文关怀，符合农民的长远利益。

③尊重乡村，回归田园有特色的乡村风貌是中华民族乡愁的载体，即使是城市居民，同样有着回归乡土、寻根本源的心理情怀。城市需要田园的生态性，城市居民需要田园的生活体验。习总书记指出：要让居民看得见山、望得见水，记得住乡愁。我们需要尊重乡村、尊重自然，发展好我们的美丽乡村作为田园生活的依托。同时，我国的经济发展也需要乡村旅游的经济价值。如今，乡村旅游、田园生活体验，已经成为度假旅游、周末经济重要的构成部分。尊重乡村，回归田园，可以全面地实现农村经济增长、落实农民人居环境改善、推动我国乡土文化健康发展。

（二）研究方法和路径

我国乡村文化历史悠久、博大精深，在优秀传统文化引领下，曾经造就了大量选址精妙、布局完美、风貌迷人的传统古村落，然而在近现代的村镇建设和发展过程中，由于经济发展的迫切需要，人们过多地关注经济效益和物质建设，忽视了精神文化的重要价值与意义，从而使村镇建设缺失了正确的引导与精神支撑，导致了大量的乡村建设过程中的经济和社会问题。

借鉴我国传统乡村发展的历史以及世界上发达国家和地区关于"乡村发展，文化先行"的重要经验和判断，我国应构建适合当代社会的、本土的乡村文化的核心价值观，引领具有中国特色村镇风貌的发展建设。乡村文化是一个村庄的内在的本质，乡村风貌是村庄外在的景象，只有优秀的内在本质，才能孕育出具有特色的、良好的外在风貌。

本报告从现实可见的乡村风貌问题入手，归纳分析现象背后的形成因素，辨析乡村文化与风貌的依存关系，再对乡村文化做深入的分析研究，从而探索文化引领下的，解决我国乡村风貌问题的方法和策略。具体内容如下：①主要记述了课题研究两年以来，大量村镇调研和资料收集过程中发现的关于乡村风貌建设过程中存在的问题和现象；②主要通过对这些现象和问题的梳理，分析我国乡村风貌建设问题存在的因素；③辨析乡村文化与乡村风貌的依存关系，并提出乡村文化营造的重要意义，通过对文化构建因缘的分析以及海内外的研究成果以及课题组的各项研究，尝试探索营造能够引导我国乡村建设的新乡村文化；④提出在新乡村文化引导下的管理与技术的建议报告。

除此之外，针对已经纳入城市范畴的城中村这一特殊类型乡村做了《城中村专题》研究；针对通过文化发展引领乡村风貌建设的实际尝试，做了"乡村文化复兴引导乡村建设实践"的专题报告；结合实际工程，做了"村镇绿色建筑研究"专题报告。希望能够全方位地、系统地并且理论与实践相结合地阐释文化引领下的乡村风貌建设理论体系。

关键词：乡村文化　乡村风貌　乡村建设　文化传承　文化发展　乡村自治　规划创新　新乡土建筑　特色风貌　有机更新　乡愁

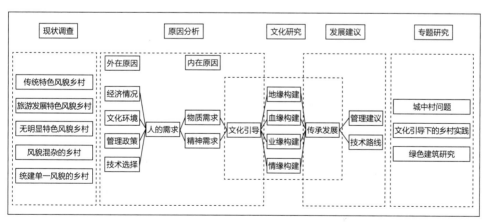

图5-1-3　研究框架示意图

二　我国乡村风貌建设的现状问题

通过对全国一百多个乡村的实地调查以及数百个乡村的资料整理和收集，可以发现当前我国乡村风貌发展过程中的问题相当多，形势也十分严峻。很多有特色的乡村风貌正在消失，很多不适宜的开发建设行为正在进行，这些行为大多是不可逆的，如果不加以引导和修正，将给我们的国家、我们的乡村，造成很大的损害。

（一）我国乡村风貌建设的总体情况

1　全国各地乡村风貌建设发展不均衡

我国幅员辽阔，地理环境丰富多样，加之各地经济发展水平很不均衡，乡村风貌也呈现出多种多样，复杂纷呈的情况。随着区域经济的快速发展和新型城镇化的大力推进，东南沿海地区的乡村、发达城市周边的乡村，建设量与日俱增，风貌正在迅速的发生改变。有些乡村甚至已经接近城市的建设水平，道路宽阔、楼宇成林。但有些城中村仍然拥挤杂乱，也有不少城边村成为城市废品处理污染小企业的聚集地，生产、生活环境恶劣；而在经济落后的内陆地区或者远离城市的偏远地区，乡村空心化、老龄化现象相当严重，很多乡村人去屋空，残垣断壁、破落不堪。面对如此纷繁复杂的乡村风貌建设情况，需要因地制宜、分门别类的调查与研究并制定与之相适应的发展建议。

2　各个时期建设的乡村呈现出不同的风貌特征

回顾我国乡村的建设发展过程，依据现存多数民房的建设年代，大致可以分为三个时期建设的乡村。

一是形成于新中国成立以前，保存相对完整，破坏不大，颇具原生态的传统特色风貌的乡村，其中一些乡村凭借其风貌特色，通过一定程度的旅游开发，在传统特色风貌或者田园风光、农家生活体验的基础上又形成了旅游发展特色风貌的乡村。

二是建设于新中国成立以后到20世纪末期，为了解决我国大量的农村人口居住问题，在农村人口密集地区建设了大量的乡村，这些乡村从全国范围来看具有一定的地方性，但总体风格简单，特征不显著，形成了大量无明显特色的一般风貌乡村。不过随着经济发展，有一些乡村逐步翻新重建，无序生长，形成了混杂风貌的乡村。

三是建设于21世纪初至今，由于新农村建设、迁村并点、灾后重建等原因而统一建设的单一风貌的乡村。这些乡村房屋较新，质量较好，但常常由于标准化设计、行列式的布局，而显得生硬单调。

上述风貌特征也并非孤立或一成不变的，存在一定程度的交叉或重叠，比如一些传统特色乡村也会由于无序建设出现混杂风貌的特点，一些无特色的一般风貌乡村和统一建设的单一风貌乡村也会凭借靠近大城市等地理资源发展民俗旅游、农家乐，或凭借其优势乡土景观资源形成旅游发展特色的乡村。

3 受到城市发展的影响程度不同，风貌差别很大

长期以来，以城市为中心的经济增长模式决定了我国规划建设的重心在于城市。城市的发展对于周边的乡村发展产生了很大的促动。实际调研过程中，不难发现经济发达的大中城市周边的乡村发展建设很快，建设量也比较大，社会资金比较容易介入，农民自己也有了一定的经济条件翻新建房；而那些远离城市的乡村，则因为交通不便、经济落后而产生衰落，破败，人去屋空，房屋毁坏的景象，部分只能依靠政府资金维系。

显而易见，距离城市的远近关系对乡村的土地经济价值、乡村的建设量影响很大，基本上呈现出越靠近城市，乡村风貌变化加剧，急需有效的控制；越远离城市，乡村风貌趋于衰败，急需关注与保护。因此，依据与城市关系的不同，在规划、建设与管理时，应予以区别对待。

（二）不同风貌特征的乡村面临的主要问题

1 原生态的传统特色风貌乡村

传统特色风貌乡村是我国传统文化的重要体现，是历史留给我们的宝贵财富。这类乡村分布很广，风貌比较有特色，多数因为地处偏远、发展缓慢而未受人为破坏。截止本课题研究起始之前，列入住建部前几批传统村落名录的仅为2555个，由于申报组织、宣传力度等多种原因限制，大量的优秀传统村落尚未得到真正有效的保护。（图5-2-1）

这类乡村的主要问题是由于经济落后，青壮村民大多外出务工，老人留守，出现了比较严重的空心化，进而造成许多的房屋被空置弃置。另外，也由于空心化、年轻人出走，使乡村的社会家庭结构解体，文化也随之衰落。而这些老房子历史久远，几经沧桑，一旦失去了屋主的修缮维护，便很快地破落。还有一些环境设施，如古庙、古桥、古井等，也因为生活状态和条件的改变被弃之不用，也在衰败和消失中。传统特色风貌乡村的情况如表5-2-1所示。

图5-2-1　坍塌中的传统建筑（左：北京市房山区水峪村　右：福建省漳州市下石村）

传统特色风貌乡村的风貌情况　　　　　　　　表5-2-1

传统特色风貌乡村	
景观特色	部分传统村落周边环境遭到破坏
空间格局	大多保持良好
建筑宅院	年久失修
人文活动	人去楼空，传统人文风俗后继无人

2 旅游发展的特色风貌乡村

依托绿水青山、田园风光、乡土文化等资源，一些名村古镇、传统村落、有特色的乡村和一些距离发达城市较近的乡村通过旅游产业、周末经济、城市近郊游获得了良好的发展，形成了以休闲度假、旅游观光、养生养老、创意农业、耕作体验、乡村手工艺、民俗风情为主题的新兴支柱产业，呈现出良好的发展态势，但也存在一些问题：

（1）打造过度，品质不高。历史悠久的名村古镇是多少年来一代又一代人智慧的结晶，不是一朝一夕就能打造出来的。在初尝文化遗产带来的可观经济效益之后，很多乡村开始大兴土木，扩大规模，修景点，建商业，在资金和准备不足的情况下忙于建设开发，出现了一些狗尾续貂、粗制滥造的形象工程，甚至有些地方用涂砖画缝，描梁画柱，涂脂抹粉等不甚高明的手段建造新房子，扩建乡村。这些建设不仅不能改善乡村风貌，反而破坏了村庄固有格局，使村庄的原真性受到质疑。同时，过度的规模开发，超负荷的接待，也令消费者在拥挤烦躁中无法感怀乡村旅行的放松与惬意，从而不愿再次到访这样的乡村。

（2）拆真建假，破坏性建设的现象依然存在。文物保护、古建修缮、老房改造需要专业的技术、较长的周期，也常常伴随较高的费用。因此很多建设方宁愿将老建筑拆掉，再建新的。甚至随意移植其他地域的建筑风格，失去了乡土文化原汁原味的东西。新建仿古建筑、就像假古董，不可能成为文化与乡愁的载体，反而会被品位不断提高的旅游消

图5-2-2　描梁画柱、涂脂抹粉（左：某乡村图画的砖缝　右：某乡村图画的梁柱）

图5-2-3 拆真建假、生搬硬套

（左：某乡村打造的仿古建筑 右：某乡村移植的徽派住宅）

费者们所诟病不齿。

（3）开发模式过于雷同，有特色的构思与设计不足。乡村旅游发展模式单一化，比较雷同：仿古商业街、酒吧一条街等比比皆是，经营内容也大同小异，缺乏有创意、有主题的规划设计。这些无特色的经营方式不能长期持续的吸引消费者，久而久之，会影响人们对乡村旅游的热情与兴趣。乡村旅游的规划与设计需要更加个性化、精细化、专业化，才能不断提升乡村旅游的价值与品位，从而趋于良性的发展。

旅游特色风貌乡村风貌情况总结如表5-2-2。

<table>
<tr><td colspan="2" align="center">旅游特色风貌乡村的风貌情况</td><td align="right">表5-2-2</td></tr>
<tr><td colspan="3" align="center">旅游发展的特色风貌乡村</td></tr>
<tr><td align="center">环境特色</td><td colspan="2" align="center">部分村落周边环境遭到破坏、多数得到有效控制</td></tr>
<tr><td align="center">空间格局</td><td colspan="2" align="center">大多保持良好</td></tr>
<tr><td align="center">建筑宅院</td><td colspan="2" align="center">重形式规模，轻细节
存在拆真建假现象</td></tr>
<tr><td align="center">人文活动</td><td colspan="2" align="center">表演多于生活，形式内容往往雷同</td></tr>
</table>

3 无明显特色的一般风貌乡村

在我国华北，东北，东南、中西部地区，有相当大量的一批乡村，由于历史上的种种原因，历经多次改造，风貌特色已不明显，往往呈现出无特色的一般乡村风貌。这类乡村空心化、老龄化也比较严重，建筑和空间环境衰落明显，存在的问题较多。

（1）有价值的传统建筑少且破败。这类乡村中有历史价值的老房子很少，即便有也往往没有得到重视和保护，呈现出破败和弃用的状态。多数房屋由于主人已经搬离，长久不再使用并且无人看管呈现出来不同程度的破败，或宅院空置，或腐烂倒塌，从局部的破败逐渐向村庄整体蔓延，致使乡村风貌整体衰败。

（2）大量民宅无特色且质量较差。这类乡村的大部分民房都是20世纪五六十年代统建的，之后虽经过翻修，但整体风貌变化不大，质量一般，民宅院中私搭乱建严重，环境脏乱差。

（3）乡村规划布局单调无特色。由于原有规划简单粗放，往往采用简单的行列式布局，标准化宅院，空间缺乏变化，公共配套设施、有质量的公共空间场所缺失。而且其依托的自然景观特色也不明显。

无明显特色的一般风貌乡村风貌情况如表5-2-3。

图5-2-4　坍塌的传统建筑（左：山东省邹平县北台村　右：河北省张家口市观后村）

图5-2-5　私搭乱建危房陋宅（左：北京市通州区小堡村　右：北京市平谷区老泉口村）

图5-2-6 布置单调的乡村（左：华北平原某村 右：山东省邹平县楼子张村）

无明显特色的一般乡村的风貌情况　　　　表5-2-3

环境景观	部分村落周边环境遭到破坏
空间格局	单调无特色
建筑宅院	房屋质量差，居住环境不佳
人文活动	衰弱甚至消失

4 发展中的风貌混杂的乡村

随着地方经济的发展和外出务工农民赚钱后的置业要求，有很多乡村，农民在一户一宅的政策支撑下，在老村外围新分的宅基地上新建民宅，这些新民宅一般很少延用原有地域风貌，往往模仿城里的方盒子或小洋楼的式样，与传统风貌反差很大，造成了乡村中风貌混杂的问题：

（1）新建民宅尺度和风格异变，原有空间格局被破坏。这类乡村中出现许多与原有风貌异质新民宅。这些民宅多数体量大、层数多、风格迥异，布局随意，导致街巷聚落的空间品质下降，破坏整个乡村经过岁月积淀下来的空间肌理。

例如，广东省广州市番禺区大龙街道新水坑村，村里的老房子被周围4~5层、风格各异的小楼包围，街道的宽度没变，两边的民居却高楼耸立，形成村中街巷尺度突变、风貌混杂的现状。

（2）有价值的老房子没有得到有效保护。此类乡村在风貌演变过程

图5-2-7　风格突变、格局破坏
（左：广州市番禺区新水坑村　右：内蒙古阿拉善盟额济纳旗）

中，有历史价值的老建筑缺乏有效的保护和再利用，日渐破败衰落，甚至被遗弃。

（3）新建或加建的民宅风格混杂。村民们依据个人的喜好和经济水平建造自己的房屋。有的采用欧式别墅，有的采用花砖蓝玻，更多的比较简陋，只是抹灰墙加塑钢窗，缺乏起码的美感。导致整个乡村风貌杂乱无章、乱象百出。

（4）现有房屋建筑质量低、私搭乱建现象严重。此类乡村内新建的民房忽视原有地域环境特点、房屋质量较低，在房屋周边村民还占用空地或部分道路私搭乱建，使村落内部空间拥挤不堪。

图5-2-8　自主建设、风格混杂（左：上海市革新村　右：浙江省杭州市建华村）

图5-2-9　没有设计、私搭乱建

（左：福建省龙岩市中南村　右：广东省广州市新水坑村）

5　统一建设的单一风貌乡村

随着我国城镇化的速度不断加快，乡村建设规模也在不断扩大，无论是出于城市扩展开发的需要，还是提升农村生活环境的需求，还是乡村产业发展的布局考虑，大规模的迁村并点成为很普遍的新农村建设模式，也是各地政府大力推广的。这些建设一定程度上带给农民实际的利益和好处，提高了村民的生活品质，但是从乡村文化与风貌的角度，也存在比较普遍的问题。

（1）规划布局简单呆板，空间格局没有特色。新村大多选址平坦之地，以便于大规模机械化施工。规划布局大多采用行列式，尽管容积率不高，但受宅基地面积限制，密度却比较高，房屋比邻，私密性不佳。街道横平竖直，一眼便可望穿，每条街道空间几乎没有差别，只能通过门牌号码加以区分。这样的社区确实使用效率很高，利益均等性良好，但却忽视了人性关怀，忽视了人们对空间格局的审美意象。

图5-2-10　布局机械，建筑单一（海南黎安大缴新村，图片来源于网络）

（2）新建住宅形式单一，标准化的重复设计。在统建乡村中，出于所谓公平分配和成本控制的需要，往往只采用一种或屈指可数的几种户型。立面装修也尽量统一样式，统一标准，导致大多数的统一建设乡村建筑形式非常单调，呈现出大量标准化的房屋，这些房屋忽视了农民对于个性化和差异化需求，也不可能体现个人的审美需求。

（3）旧村老宅夷为平地，乡愁遗迹荡然无存。根据相关部门或建设单位的要求，被拆迁的老村需要将所有建筑物推倒，然后平整土地，才能成为待开发用地。这些被推倒的房子承载着一村人的乡愁，甚至还有一些非常有价值的历史遗存。

（4）社会关系改变了，影响了乡村特有的邻里关系。老的村落被拆除，在新的位置统一建设新的社区，这个过程使村庄原有的乡村熟人社会的邻里关系被打破，交流活动空间、生活方式改变了，这些都必然引起乡村文化的改变。

统一建设的单一风貌乡村的风貌情况如表5-2-4。

统一建设的单一风貌乡村的风貌情况　　　表5-2-4

环境景观	根据经济情况、土地情况择地，周边环境不确定
空间格局	单调无特色
建筑宅院	风格单一并且形式选择随意
人文活动	衰弱甚至消失

（三）由于与城市距离不同而产生的乡村风貌问题

乡村与城市的距离很大程度上决定了乡村城镇化的程度，乡村的发展状态、发展方向和应对策略的选择。依据与城市市区边界的距离，可以把乡村依次分为城中村、城边村、近郊村和远郊村四类，受城市化影响程度不同，主要的风貌问题也有所不同。

1　城中村的主要风貌问题

城中村是一种很特别的乡村类型，也有专家将其作为城市问题研究。本课题重点研究仍然具备乡村风貌特征的城中村。

（1）空间无序生长、缺乏规划控制。城中村是在城市发展中被裹进城市中的村落，很长的一段时间并没有纳入城市规划的体系，尤其在等待开发拆迁的阶段，基本处于无管控的状态。另外由于城中村的住房资源与城市流动人口的低价住房需求相吻合，势必导致无序的私搭乱建泛滥，形成超高密度，拥挤杂乱的状况，安全隐患十分严重。

（2）建筑质量较差、安全状况堪忧。城中村内建筑年久失修，存在大量临时建筑、私自拆改建筑。这些建筑大多没有经过专业设计，没有考虑抗震、防火要求，建设因陋就简，后续的使用维护不到位，更不断随意拆改扩建，建筑质量差，存在大量的危房。

（3）一旦投资建设、往往大拆大建。伴随着这种破败和失控的状态，政府愈发希望借助开发投资将其早日拆迁，无论是异地安置或是货币补偿，结果都是一旦人员迁走，村庄瞬间被夷为平地，所有的历史信息（除了较

图5-2-11　广州的城中村（左：城中村范围　右：城中村现状）

图5-2-12　质量较差的城中村（左：城中村违章建筑　右：破败的城中村建筑）

高等级的文物外）随之消失，村民的乡愁也无处寄托。

2 城边村的主要风貌问题

本课题中城边村是指位于城市边缘，距离城市建成区距离十公里以内或者车程半小时左右的乡村。这类乡村与城市关系紧密，交通便利，土地价值比较高，有些甚至已经纳入了城市发展的远期规划当中。城边村地处城乡接合处，是人们感受乡村，接触乡村最便利的地方，一定程度的保留和保护有特色的城边村，是保持城市山水格局，让城市居民记得住乡愁的重要途径。

（1）城市开发和产业发展造成空间格局和风貌巨变。我国城市建设日新月异，发展迅速，城市周围很快被城市新区所覆盖。发达城市周边新的居住区、开发区、工业区、高新区大量建设，正在取代和包围着城边村。与此同时，凭借优越的地理位置，充足的创业就业机会，富起来的城边村也开始不断地自我建设，导致城边村的空间格局和风貌都在不断地发展变化。

（2）吸纳城市配套产业和外来人口造成无序的膨胀。在城市外扩过程中，城边村吸纳了大量的城市配套产业和服务功能，与之相伴的是大量的外来人口，亟需低成本的容纳空间。促使低成本的快速建设、甚至违规的私搭乱建大行其道，造成了城市周边无序的膨胀。

（3）小产权交易及农家乐等商业活动骤增引发形成多元混杂风貌。城边村一方面因为土地价值高，受到开发商、投资者的垂青；另一方面，村民自己也抓住商机，搞农家乐、乡村公寓。由于建设主体多样，品味不一、城乡多元，因此在不同的目的、不同审美的作用下形成了多元混杂的乡村风貌。而由于开发的无序控制，这一带的城市风貌亦很杂乱，长期处于犬牙交错的混搭状态。

（4）城市外扩大量修路建房导致有一定乡愁价值的人文景观消失。随着城边村建设量的增加，施工过程中，一些重要的景观要素被拆毁，比如大树、凉亭、牌楼，甚至于祠堂古庙。这些元素是乡愁最重要的依托，一旦破坏，将是不可逆转，无法还原的。城边村的环境风貌、内部景观都面临着城市外扩的重大影响。

3 近郊村的主要风貌问题

近郊村是指距离城市比较近，大约在二十到五十公里范围内，或者车程在一两个小时左右的乡村。这类乡村与城市距离适中，多数保留着较好的乡村气息，是乡村周末游，乡村生活体验、乡村产品供给的理想位置。近郊村数量多，分布广，承载着多数人对乡村的理解和认知，是乡村风貌建设的重点类型。

（1）由于客观条件不同和发展不平衡，近郊村一般呈现风貌不统一、反差较大的状态。近郊村地理位置相对优越，可以依托不同的城市资源，而根据自身的客观条件不同，可以发展乡村旅游、种植养殖、制造加工、物流仓储等多种业态模式。获利后的村民、村集体面对新房建设，要么模仿城市的花园洋房，要么照搬外来风格，往往表现出急切改变原有风貌，建新弃旧，甚至出现竞相炫富、攀比的心态。

（2）由于规划控制不到位，近郊村在转型发展中比较盲目、无序。近郊村镇的土地价值比较高，成为城市职能外迁的主要区域，快速的城市发展和项目的多元性造成乡村格局迅速改变，风貌多种多样，发展混乱无序。

4 远郊村的主要风貌问题

远郊村是指距离城市比较远，大约在五十公里以上，或者从相邻市区车程两三个小时以上才能到达的乡村。这类乡村受城市开发的影响比较小，基本保持乡土的原有风貌，但是也往往因为经济落后，空心化、老龄化比较严重。乡村风貌处于破败中。

（1）资金匮乏，无钱保护修缮，使得风貌破落。大量的远郊村目前都无法摆脱经济落后的状态，缺乏修缮房屋的资金。而村民也多数外出务工，村中房屋空置较多，长期无人居住，房屋由于没人照管，没钱修缮而渐渐破落，呈现出萧条、破败的景象。

（2）乡村缺乏规划管理，村民回乡建房没有风貌引导。远郊村往往缺乏有力的规划指导和监管措施，少量村民致富以后返乡建房大多根据自己的价值观念、审美取向，选择个人喜欢的形式建房。往往把在外乡所见的，觉得可以代表自己富贵发达形象的建筑照搬回乡，造成风貌混乱。

（3）乡村公共服务设施和人力不足，乡村文化保持和传承困难。远郊村大多超出城市公共服务半径，自身的公共服务设施又往往建设不足。同时，由于青壮年多外出打工，富裕后再将家人亲属接到城镇享受便利的城镇生活，以致空心化严重，缺乏人力资源，因此乡村文化无人继承，风俗传统也失去了群众基础，文化传承十分困难。

（4）村庄缺乏基本的市政设施，生活环境和防灾能力差。远郊乡村大多建设较早，防灾能力薄弱，很难抵御地质自然灾害。同时大量的民宅建设较早，已经远超使用年限，继续居住存在一定的安全隐患。这些无法保证安全居住的偏远乡村应首先考虑防灾和安全问题，再考虑风貌问题。

（四）小结

我国乡村数量庞大，问题复杂，建设发展参差不齐，现状风貌大相径庭。不可能用简单统一的方式进行描述，更不能用单一思路分析与研究。应该因地制宜，具体问题具体分析，才能有的放矢地找到行之有效的解决方法。

以上总结基于课题组对数百个乡村的实际调研和分析，具体目录及归类详见附表1课题组调研村镇及归类列表。

三　风貌现状问题的原因分析

通过对各种风貌现状问题的成因分析和总结，可以概括归纳为经济失衡、文化失序、管理失准、技术失当四个方面的原因。

（一）各地经济发展水平不一，导致乡村风貌状况差别很大

纵观中国历史上的文化名村，不难发现这些名村的形成都和一个时期经济繁荣，财力丰厚有着重要的关系。归纳两批历史文化名村的成因，主要有三种：富商返乡、官仕归田、地处水陆要冲。这三个成因实际上带给乡村的是经济上的财力物力和文化上的品位提升。调研当代的乡村，不同的经济条件，很大程度上影响了风貌的现状。

尽管我国农村经济已经有了很大发展，但受到长期城乡二元结构影响，乡村经济总体上比较落后，经济落后影响到乡村风貌主要有两点：一是农民收入低，无力翻修自宅，而集体经济能力差也使乡村整体环境的整治和更新迟滞，导致老房子或传统民居破败，重要景观元素无力维护等。另一点是为了发展经济随意引入一些低端产业，污染严重，更加速了乡村环境的破败，风貌自然也无法改善。

另一方面，也有一些乡村有了一定的经济基础，此类乡村的村民有能力对自己的房屋进行改造或新建。在这样的过程中，攀比和模仿是乡村建设的基本状态，出现了一些夸张的建筑形态。当然，历史上经常出现类似的现象，关键在于有效的引导。同时，由于周末经济、乡村旅游，农家乐等产业迅速发展，刺激并形成发展了很多以吸引旅游消费的乡村风貌。

另外，近年来，迁村并点、灾后重建、地产介入、专项发展基金、专项旅游规划资金，这些运营模式和专项资金的介入，使得很多乡村获得了一定的外来资金，可以用于乡村的建设。当然这些资金也带有一定的目的

性和有限性，对资金回报的需求和资金投入的不足造成了很多一次性新建乡村存在的各种问题。

综上，经济情况的大相径庭，导致了不同风貌情况的出现（表5-3-1）

经济情况与风貌的关系　　　　　　　　表5-3-1

条件	原因	现象
经济情况	风貌情况	旧房/新房
经济落后	无钱修房	破败/简陋
经济繁荣	缺乏引导	私搭/乱建
经济支援	迁村统建	拆旧/统新

（二）乡村文化失序导致乡村风貌乱象百出

失序是指失去秩序，比较混乱的状态。当前的乡村文化正处于一种失序的状态。一方面，传统的乡村文化在渐渐没落、失势；另一方面，外来文化、新兴文化不断地冲击人们的生活。人们的生活观念改变，审美标准盲从或异变，致使房屋建设各取所好，乱象百出。

1　家族伦理观念削弱，传统文化意识淡薄

我国传统的乡村是一种以血缘关系为基础的"熟人社会"。家族伦理秩序、家风祖训、族规礼法是乡村自治，发展生息的内生逻辑。然而当前，在市场经济影响下，现代乡村逐步形成"半熟人社会"，宗族在乡村中的影响已经逐渐减弱。"利益决定亲疏"取代了"以血缘关系为核心的差序格局"。生产经营中的利益关系决定人际关系的好坏，过于理性地按利评估人际关系，看重自身实际利益，而忽视了血缘、地缘之间的感情[1]。特别是"一户一宅"政策的实施，加快了大户分家的速度；而年轻人外出打工成为家庭经济支柱再度削弱了家长的话语权。在这一过程中，以老辈教化后辈

---

[1] 贺雪峰. 新乡土中国[M]. 南宁：广西师范大学出版社，2003.

为主要传承方式的传统文化难免日渐衰微。

2 外来文化影响加剧，自我文化认知不足

随着越来越多的农民工到城市务工，他们的视野也发生变化。在现代城市文明的耳濡目染中，久居乡村的人们羡慕并追逐城市文化，忽视甚至摒弃原有的乡村文化。在乡村建设中，开始模仿或照搬城市的建筑和环境。而看轻当地的传统与风貌，抑或认为传统和旧貌代表了落后、落伍、甚至是穷困。

3 新乡村文化缺位，乡村社会治理基础薄弱

传统文化衰微，外来文化影响，新兴文化冲击，在这样的文化环境背景下，如果没有强大而有力的新乡村文化作为支撑，人们很容易失去价值判断的标准和立场，各种乱象就会百出，大量问题就会环生，人们就会发现投入资金、精力很多，结果却常常背道而驰，渐行渐远。同时，基于血缘关系的传统乡土社会治理的基础也日渐衰微，也给传统的乡村风貌带来了严重的冲击。因此我国乡村亟待建立有生命力的、积极健康的、立足本土的新乡村文化，建立尊重传统的本土价值观。

（三）政策管理失准造成乡村发展有失偏颇

乡村建设的政策和管理是指导乡村发展的重要依据和手段，对乡村风貌形成有着非常重要的影响。新中国成立以来，从中央政府到地方政府，一直心系农村，不断地推陈出新农村政策与管理办法，在乡村治理方面不断地探索进取。尽管如此，社会主义新农村之路毕竟是一条全新的路，没有现成的模式经验可以套用，在探索过程中，难免出现这样那样的问题，产生不理想的结果。

1 政策法规不够完善，重风貌建设轻文化营造

查阅二十年来的中央工作会议文件、国家相关法律、行业规范、地方

规定、专业导则、评价指标体系等，可以发现从中央政府、地方政府到行业协会，对乡村风貌都有了一定的要求和规定，包括从外部自然环境到内部建筑构造细节，基本上已经全部覆盖。以往的规定着重关注历史文化名村和传统村落；近年来，对一般村庄、普通农房予以了一定的关注，并且有了比较具体的操作方法和相关规定。

在文化方面，对于历史文化，各级政策法规都有一定的提及，但未有实质性的规定要求。关于乡村文化，情感价值等方面只有2014年中央工作会议有所提及，其他法规中再无体现。由此可见，各级行政法规在乡村文化保护与继承方面都没有政策指引，也没有实操细则。国家现行管理政策在风貌控制方面相对全面，但很多实施细则还处于试行状态；在乡村文化方面，只针对历史文化、非物质遗产有所提及，但并无实施细则。在当前的乡村文化引导方面，只有中央和少数省份有提及，也并未提出实施细节。（详见附表2现行相关政策规范关于乡村文化和风貌的规定）

2 行政管理的理念、态度和方法存在一定偏差

要管理好乡村，就一定要理解乡村，热爱乡村。纵观历代历史文化名村，无不是精雕细刻，日积月累，用很长的时间发展而成，没有一蹴而就、立竿见影的方式。当前很多地方急于求成，希望一两年甚至几个月就打造一个"第一村"出来，这种想法是不可取的，也不可能的。其次，乡村是一个"熟人社会"，和城市里的社区、小区、行政区完全不同，村里的工作要商量着来，一点点地推进，而不能搞"一刀切"，也不能生硬地下达行政指令。最后，乡村不同于城市，不能标准化生产，也不可能一味地增长膨胀。乡村和城市的建设的区别在于：前者好比是手工艺加工，后者好比是机械化生产；前者追求的是慢工细活，后者注重的是集中高效。因此，我们不能用城市里大干快建、机械生产的方式建设乡村。

3 尚未建立适宜乡村的建设管理体系

目前乡村中建设的管理方法基本上还是脱胎于城市的管理方式。在调研过程中，可以发现很多优秀的乡村建筑仍然还属于"违章建筑"，也有很

多违章建筑因为存在太久而成为"合法"建筑。在乡村中，房屋建设的申请、报批、审查、验收等一系列的问题制度尚不明确，要么没人管，导致私搭乱建；要么按照城市的管理办法来管，导致管理过严，甚至严格到无法实施。当下没有一套法理明确、权限清晰、切实可行的乡村建设管理审批制度。

4 有些管理政策顾此失彼，缺乏全面系统地考虑

乡村建设工作涉及农业管理部门、建设管理部门、国土管理部门，有些还涉及文物部门、扶贫机构等。面对广大的农村地区，各部门之间很难建立有效的沟通机制，导致规定相悖、重复设计等现象发生。还有一些部门的政策只考虑和关注了自己专业的方向，却未估计其他方面的影响。这样的例子很多：比如"迁村并点"，目的是集约了土地，有利于集中配套设施，但却造成很多老村子被迁并拆毁；比如"一户一宅"，目的是保障农民的利益，保证户户有房住，却造成了传统家庭结构的解体；比如"四化四改"①，目的是改善村庄的面貌，提升了人居环境，却造成乡村自然美的丧失；比如"禁用黏土"，目的是保护农田的土壤，却造成了传统地方材料和工艺的传承受到影响。这样的例子很多，需要不断地调整和修正各项政策，才能保障乡村特色风貌的建设。

（四）乡建策略失当致使乡村设计不尽人意

乡建策略的选择与应用，直接生成最后的乡村风貌。因此，乡建的策略、技术手段，包括前期研究调查、规划设计、建筑设计、景观设计、现场服务、后期运营等全部环节都是乡村风貌呈现的直接原因。

1 专业人员缺乏对乡村的理解和认知

长期以来，城乡之间在经济、文化方面产生了巨大的落差，使人们对

---

① 四化：街道硬化、村庄绿化、环境净化、路灯亮化；四改：改水、改厨、改圈、改厕。

于乡村的理解往往是落后、贫穷和无知。很多专业人员在应对乡村项目时，要么简单套用在城市里做工程的方法，要么在城市里做工程的方法基础上再简化一些来做乡村项目；加之乡村项目取费往往比较低，以至于敷衍了事、东拼西凑、抄袭复制等现象屡见不鲜。在今后很长的一段时间里，尚不可能通过提升建筑造价和设计取费来实现高品质的建筑设计，因此，提高行业的认知态度，提升业内对乡村的尊重与理解，势在必行。中国的建筑文化源于乡村、根在乡村，所有的乡建工作者所担负的不仅仅是几个农村的工程项目，而是中国乡土文化的传承与延续！

2   缺乏行之有效的乡村规划设计理念

乡村是否需要规划在学界一直是个颇有争议的话题。持肯定观点的一方认为如果没有乡村规划，乡村就会无秩序的发展，后果不堪设想；持否定观点的一方认为乡村不同于城市，原本就是自我生长的，古村落就是最好的例证。我国2008年《城乡规划法》实施，指出："县级以上地方人民政府根据本地农村经济社会发展水平，按照因地制宜、切实可行的原则，确定应当制定乡规划、村庄规划的区域"。也就是说，没有要求所有的村庄必须有规划，而应当"因地制宜、切实可行"。

无论村庄要不要规划，有一点是明确的，就是村庄一定不能套用城市规划的方法和原则。这是一个已经普遍认同的观点，但是真正实际操作的时候，却很难做到，因为还没有合理的乡村规划设计体系。城市规划已经是一个成熟的学科，乡村规划还只是个议题，又或作了城市规划的一个分支。

3   新乡土建筑的设计方法还没有形成

乡土建筑（Vernacular Architecture）社区自己建造房屋的一种传统的和自然的方式，是一个社会文化的基本表现，是社会与它所处地区的关系的基本表现，同时也是世界文化多样性的表现[①]。新乡土建筑是传统和自然的方式在当代的延续，是传统与当代的有机结合。

---

① 引自1999年在墨西哥通过《关于乡土建筑遗产的宪章》。

很显然，我国乡村中的新建筑大多处于两种状态：一种是缺乏设计的方盒子，另一种是在方盒子基础上的符号拼贴、装饰。而新乡土建筑的设计与理念，还没有全面地被乡村设计师认真的理解和思考，尚未创作出符合当代农村生活和地域特征的、被农民广泛接受的、传承和代表乡村文化和智慧的、节能环保的新型乡村建筑。另外，传统工艺的大量失传，传统建筑材料不断弃用，也给新乡土建筑设计带来了更多值得研究的课题。

4 没有建立切实可行的设计下乡机制

"设计下乡"是一个全过程，包括从开始的资料收集、到全程的与村民沟通、到建设中的设计调整、再到完成后的情况沟通与整改，最后还要有设计理念和思想的推行与普及。当前国内"设计下乡"的程度是远远不够的，设计师大多不能扎根于乡村中，了解村民的需要，体会乡村的生活，特别是那些统建过程中的设计师，往往只是和镇长、村长汇报几次便完成了设计。乡村设计不是一次性的设计任务，而是持续的服务与沟通，甚至还包括对设计延续所需要的接班人培养。只有这样，才能把设计的理念长期灌输于乡村之中，使得乡村在慢慢地生长过程中，长期受益，良性发展。很显然，目前的乡村设计市场，还很难维系这样持久的设计下乡过程。

（五）小结

当前我国村镇风貌建设呈现出的问题主要归因于经济发展、文化传承、管理方法、技术策略四个方面的原因。其中经济发展已由本项目子课题一《农村经济与村镇发展研究》进行了深入研究，因此，本报告主要侧重于文化、管理、技术方面的研究，而管理和技术在某种意义上说也是文化的一部分，并且管理方法、技术应用很大程度上受到所处文化氛围的影响，因此，文化问题是乡村风貌出现何种不调的根源，解决乡村风貌的问题，须先从梳理乡村文化开始——乡村建设，须以文化先行！

四　乡村文化的传承和发展

经过前面章节的分析总结，课题组认为当下乡村风貌不佳的主要问题源于经济失衡、文化失序、管理失准和策略失当四个方面的主要因素。其中，经济方面的对策在第一课题《农村经济与村镇发展研究》中予以阐述，而本课题侧重研究乡村文化与乡村风貌相关的管理和技术策略研究。而乡村文化的失序直接影响风貌建设相关的管理和技术策略，因此，下面着重研究乡村文化，并通过营造新乡村文化，引导乡村建设管理的调整和技术策略的适当选择。

乡村风貌是一定时期乡村文化的体现，认真反思乡村风貌建设的各种问题，都和当下的文化发展问题密切相关，这也是两年多来，课题组调研过程中最深刻的体会：每一种乱象的出现都可以追溯到文化问题的根源。只有在有生命力的乡村文化引领下，人们才会理解乡村、热爱乡村，像呵护自己的家园一样建设乡村。传统村落证明了传统文化的强大与感染力，台湾省引以为豪的乡村社区营造证明了新文化的能量，无论是传统文化还是新的社区文化，都证明了文化在风貌建设中的引领作用！但是，在经济建设的大潮中，我们常常忽视了文化的引领作用，以致产生了如此多的问题。

建设有特色的乡村风貌，既要保留传统文化，也要营造立足本土的新乡村文化。

（一）传承乡村文化的重要意义

1　维护和保持乡村的社会结构

乡村的社会结构是乡村发展中各种伦理秩序和社会关系。我国的乡村社会结构是历史发展过程中不断完善和积淀而形成的伦理秩序。一旦这种社会结构被破坏，乡村伦理关系将不复存在，人们之间便会转化成赤裸裸的金钱和利益关系。由此产生的乡村风貌也将是各自为政、互不想让、各取所需、千奇百态的建设风貌，同时，人情暖暖的人文场景也将荡然无存。

我国乡村的社会结构是乡村文化的重要组成部分，也是我国乡村文化独具的特色。传承乡村文化的同时就是对我国乡村社会结构的维护和保持，二者相辅相成，互为依托。

2 恢复和提升村民的文化自信和幸福感

弘扬和传承乡村文化，让村民正确地认识自己乡村文化，同时让乡村文化受到全社会的广泛关注和认可，可以提升村民的自我文化意识，爱惜当地文化，以当地乡村文化作为骄傲，增加自我满足感和幸福感，恢复文化自信。课题组在日本京都附近的乡村调研发现，日本乡村居民对于日式房屋的建构有着广泛的认可，对于乡村的传统工艺非常重视，比如在宇治市白川地区的茶农，至今保持着手工制作抹茶的工艺，茶农传人以制茶手艺为自豪，也因此屡屡受到政府和社会的嘉奖与关注，即保持了良好的乡村风貌，又形成了其乐融融的人文景观。

3 加强村民自治管理的重要基础

在我国悠久的历史长河中，乡村作为小圈子的熟人社会，通过士绅族长、乡规民约、亲情邻里等制度关系实现乡村自治，实现和谐共生，即便发展到当今社会，能人带头、长辈督导、望族引领在乡村发展中依然发挥着重大的作用。利用这种淳朴的社会关系和组织结构实现的乡村自治，可以在乡村发展中起到事半功倍的作用，而保持乡村文化的健康发展，正是维护和保持乡村自治的重要基础。

4 促进物质文化遗产和非物质文化遗产的保护

很多学者认为乡村是中国传统文化的本源和最后的保留地。传承乡村文化，加强对文化遗产的认识，使村民认识到保护自家乡村物质文化遗产和非物质文化遗产的重要性，可以有力地促进我们的文化遗产保护工作。

5 有利于乡村生活风貌的营造

传承乡村文化不仅可以在物质方面提升乡村风貌，文化的传承，风俗民情的展现，也必将同时呈现出和谐美好的生活面貌。江南水乡的红灯笼，西北高原的锣鼓戏，岭南山寨的对歌声等原本就是最美的乡村风貌。

（二）乡村文化的构建因缘分析

中国的乡村文化，是以地缘为基础、以血缘为纽带、以业缘为导向，最后凝聚为情缘，形成了独具有亲情伦理的"熟人社会"。为中华文化所特有，具有很强的本土特性。讲伦理是中国乡土文化区别于西方文化的重要特征，这些伦理关系，也就是"缘"，构建了中国乡土文化最基本的几个方面。

1 地缘是乡村文化构建的基础

地缘，是指由地理位置上的联系而形成的关系，是不同文化特征与发展的基础所在，是一个乡村最为基本、最为稳定的属性。并且对乡村的业缘，情缘也有着的深刻的影响，是乡村发展的基础。

我国自古地理区域文化研究中就有"东西"、"南北"等模式。像典型的徽州文化、浙东文化、岭南文化、西域文化、塞北文化等。而在乡村近现代的发展中，地缘逐渐被忽略，特定区域内的地理特征得不到挖掘，乡村发展多不具有自己的特色，出现了一些张冠李戴、照搬移植外来文化的现象，这些忽视地缘的做法，造成了村镇风貌的乱象。

（1）地理位置决定乡村风貌

我国幅员辽阔，不同的地区对应不同的气候条件，这种差异在很大程度上导致了各个地区的生产技术与方式、经济类型、居住与生活模式以及思想观念等都有很大的不同[1]，由此产生了不同的地域建筑和乡村风貌，如

---

① 吴一文. 文化多样性与乡村建设[M]. 135. 北京：民族出版社，2008.

南方遮雨、通风；北方保温、向阳；西部遮阳、防风沙；华南地区的居住形态多以聚居为主，长江流域则多散居等，①这些都是村镇风貌的主要成因，一个地方的乡村风貌的特色，必然是这个地方地域特点的体现。

（2）地形地貌建构乡村文化风貌

不同的地形地貌和自然环境本身就是乡村特色风貌的一部分，而乡村建筑因地制宜，形成了不同的聚落空间和建筑形态。如依山、傍水、林中、田边、路旁，都导致村落风貌的特色，构建有当地特色的乡村特色文化风貌。因此，尊重地缘，不能够对原有地形地貌进行破坏。

（3）城乡关系影响乡村的文化风貌

乡村与城市的空间距离一般来说决定了城市对乡村的影响力，都会对乡村风貌产生影响，而乡村离城市越近，这种影响就越大，距离城市较近的村镇在建设和发展方面都容易模仿城市进行，城镇化速度也较快，而偏远的乡村由于距离城市较远，传统的风貌文化保存也相对完整。所以产生城中村、城边村、城郊村的不同的风貌状态。

城乡关系作为一种新的地缘特征发挥了越来越重要的作用，其作用是一把双刃剑，一方面，靠近城市，乡村的发展机遇好，同时被破坏和湮没的可能性也就大；另一方面，远离城市，发展慢，但从风貌的角度而言却得到了一定的保持。

2 血缘是乡村文化构建的纽带

中国乡土文化是"熟人社会"的重要展现，这种熟人社会建立在血缘关系的基础上，并且进行了适度的扩展。在现存的村庄中，以某姓氏命名的村庄不胜枚举。在我们调查的大量村庄中，单一姓氏、两个姓氏的村庄占到五成以上。血缘关系让村民彼此信任，让老者拥有威严和权威，这种家族社会的形式是我国乡村的基本社会结构。

（1）家庭伦理文化是乡村文化构建的基本单元

伦理文化是中国文化区别于西方文化的重要表现。以家庭伦理关系

---

① 贺雪峰. 论中国农村的区域差异——村庄社会结构的视角[J]. 开放时代. 2012（10）.

为基础的乡土文化是中国传统文化的主要内容。这种长幼有序、男尊女卑的伦理文化在建筑空间格局上有很明显的体现，也直接影响乡村建筑的风貌特色、伦理文化的延续和演变，是乡村文化得以持续的重要基础，也是保护和延续乡村风貌的内在依据。另外，敬祖祭先也是家庭伦理的重要方面，祖先的坟墓也是村民乡愁的重要元素，应予以妥善的保护。

（2）家族、宗族关系是乡村文化构建的基本架构

家庭伦理文化继续扩大，外延形成了家族（或宗族）关系，中国传统的村落里宗族关系是最基本的社会结构。家族元老或族长对于乡村的建设发展起到了至关重要的作用，家规祖制是维系村庄稳定与发展的规章制度。这些礼法制度不仅在文化是一种传承，也直接影响到了乡村格局，而且祭祀、祖庙亦是乡村中最早的公共建筑。

3 业缘是乡村文化构建的导向

"一方水土养一方人"，同一乡村中，居民往往从事同一行业，有一种趋从性。从事同样的行业势必形成同样的技能，传承下来形成特定的文化，如农业、种植业、牧业、渔业等。近年来，还发展除了加工业、旅游业、物流业等。因此，业缘是乡村文化构建的重要导向。

（1）共同产业衍生共同的文化

由于适宜的规模和范围，乡村产业经常发展单一的某种特色产业。比如种植同种作物、饲养同类的牲畜、传承同种的手工加工工艺。这种一村一品的产业模式增加了以个体为单位的产业竞争力，形成了一定的规模，并且聚集了一定的创新和研发能力，使某一种产业能够持续发展。

（2）产业发展而形成产业风貌

不同产业对空间有不同的需求，也会形成不同的环境特色和建筑特色，例如以观光旅游为主的产业自然风貌方面相对较为良好，而以手工业为主的乡村则多会建设相对应的工业建筑，产业建筑是乡村风貌的构成部分，也对乡村风貌产生重要的影响。

4 情缘是乡村文化构建的核心

地缘、血缘、业缘在共同的作用下产生了乡村里的情缘，情缘是乡土文化最核心的价值所在，也就是"熟人社会"的构成基础。这种情缘包括了邻里关系、同乡同学，还包括乡音、乡曲，也包括祖先崇拜。所有这些都构成了乡宗之间的身份认同，形成了乡土文化的基础。而这情缘有在很大程度上影响了乡村建筑风貌的趋同，形成了地域特色。

（三）理解"四缘"，构建新乡村文化

村民参与的第一步就是要树立信心，培养对自身文化的认同感。挖掘和恢复传统文化，构建新乡土文化势在必行。要找到每个村庄独特之处，加以传承和发扬，以文化的复兴和新兴文化的创新引领乡村文化与特色风貌建设。

1 尊重地缘特点，保持与山水环境和谐的文化观

《北京宪章》指出"现代建筑的地区化，乡土建筑的现代化，推动世界和地区的进步与丰富多彩"。乡村建设应充分结合当地的经济条件、文化条件和自然条件，建造在地的乡土建筑，实现地域文化的特异性与连续性。

我国自古讲究天人合一的哲学理念，也就是保持与山水格局和谐。山水格局是择址建村的基础，体现了村民与自然长期协调融合的智慧，也是村民对土地深厚情感的载体。在做乡村规划和建筑设计时，尊重地理环境，让规划和单体融入自然山水环境中，才能造就有中国特色的、优美的乡村风貌。

2 借助血缘关系，恢复一定的伦理家风

社会伦理秩序是乡村区别于城市的重要特色，也是适应于乡村发展的本土社会结构。梁漱溟先生早在《中国文化要义》中就强调了伦理秩序的

重要性，认为中国是伦理本位的社会①。发挥伦理秩序的作用，对于重塑乡村文化，提升文化自信有重大意义。

通过传承中国传统的家庭伦理，纠正以往一户一宅所造成的家庭关系分解的弊端，提倡分户不分宅的几代同堂，然后逐代扩展的有机更新模式，以保持风貌的延续性。同时减少土地资源的浪费，和房屋的常年空置，也有利于房屋的管理和可能的经营需求。

孝道是中华民族的传统美德，特别在当今乡村社会中，大量的留守老人需要被照顾和尊重，加强养老设施的建设，全社会关注乡村老龄化问题，也将促进青壮年对留守老人的关注，实现血缘情感的升华。

宗族是维系传统乡村共同体的最重要纽带。在宗族文化保留较好的地区，如徽州、岭南等村落，血缘文化的传承使得村民认真保护祖庙宗祠，并保持祭祖的风俗传统。保持一定数量的墓地用地，使村民能够实现扫墓祭祖活动，寄托对祖辈亲人的哀思，同样是实现乡愁记忆的重要举措。

3 推动业缘发展，从利益共享到文化共建

经济条件是乡村发展的物质基础，发展乡村特色产业是提升本土文化自信、增强乡村凝聚力的重要途径。恢复和延续传统特色产业，如农业、种植业、手工业等，在此基础上结合乡村特色文化引入适合本地发展的新产业，如观光旅游、电子信息等，形成或强化村民的经济利益共同体，通过互助合作与共同的奋斗目标，实现精神文化的共建。

课题组调研的安徽歙县卖花渔村，全村经营盆景，家家户户养花种植盆栽，不仅村民实现了很高的经济收益，乡村风貌更加美丽动人，人们忙忙碌碌致富，建设和谐美好家乡。

4 促进情缘建设，营造和谐的社区文化

促进感情交流，造就亲密的邻里关系，形成和谐的社区文化，是乡村文化建设的核心目标。社区文化的概念与社区营造的理念密切相关，社区

① 梁漱溟. 中国文化要义[M]. 上海：上海人民出版社.

营造是借鉴于日本和我国台湾地区的一种自下而上的文化建设方式，适应最广泛的居住社区，包括城市居住小区和乡村。社区营造是通过唤起该区域居住群体之间的感情共识，从而促生社区文化，在共同的文化指引下，实现和谐的社区建设。例如，台湾省著名社会学者陈育贞女士的工作方法是入驻乡村，和村民建立感情以后，组织村民一起回忆乡村里的事、乡村的历史，通过村民的描述，一起恢复一些小的景观和场景，村民一起画自己的故乡，一起动手改造公共活动空间。通过这些活动，一些原本不来往的村民也成了伙伴，有了共同的情感，通过这种方式大大改善了村民的邻里关系，形成和谐的生活画面。

社区营造的核心便是情缘的建设，是地缘、血缘、业缘关系的全面提升，即便是新来的居住者，也可以通过参与社区营造很快地融入社区，成为社区的一分子。因此，情缘建设在当今社会非常重要，是乡村文化建设的行之有效的途径。

（四）小结

"四缘"概念提供了一个形成乡土价值观的基本立场，即：尊重地缘，强化血缘，发展业缘，升华情缘。也是乡村文化构建的四个基本方面。而乡村文化的复兴和发展对乡村风貌而言，是不可或缺的内在支撑。不重视内在文化的传承发展，只重视外在的风貌形式是以往乡村建设中的大误区，而有了内在文化的传承复兴，即便不理想的乡村风貌也会逐步而自觉地更新和修复，这比"打造"出来的风貌更有意义。

五　村镇文化风貌的保护发展管理建议和技术路线

（一）关于乡村建设管理的原则建议

1　积极引导的原则

在调研过程中，我们接触到大批优秀的乡村干部，他们积极肯干，加班加点，怀着极高的工作热忱。尽管如此，当下的乡村建设形势依旧不容乐观，很重要的一点就是行政干预过多，积极引导不足。

乡村不同于城市，其历史悠久、环境生态、规模小巧、尺度宜人，是自然造化和人类智慧的结晶。其形成和发展是自然而然，有机更新的过程，也是一个生长的过程。对于一个自然的生长过程，不能强制的干预和指挥，而应当采取引导和辅助的方式，使其自主地向着良性的方向发展。

2　村民参与的原则

乡村风貌历来都是一代又一代村民集体智慧的结晶，要引导并发挥村民个体的创造力和才能，避免一包到底，管理过细。特别要注意的是，在统建过程中，少数管理层决定规划建筑方案的情况。只有集体村民持续不断的参与，才能再造就出像宏村、乌镇那样的集体智慧创造的经典名村。

3　有机更新的原则

悉数华夏历史文化名村没有哪一个是一次性统建打造出来的，都是在历史的长河中不断改造更新、生长而成的。因此，在我们的乡村建设中应特别避免一次性大规模的拆迁与建设，不能使用每户人家个体需求的集体建设。应当采取有机更新的方式，尽量在原址上修修补补，在乡村中因地制宜地小范围的改造和建设，实现乡村的有机更新。

4 文化传承的原则

谈起文化建设，一些基层干部认为就是搞搞文体活动，丰富一下大家业余生活；或者就是建个活动站或公共场地，放一些健身器械；还有些人认为搞文化是虚的，或者干脆不会搞，也不想搞。

事实上，文化建设是最重要，也是难度最大的乡村管理工作。需要干部认真地做好文化传承的工作，每做一件事都要考虑是否符合当地文化的发展，是否有利于文化的传承与发展。而这种判断也紧密地依托于执行者的文化价值观。

5 人才引进和扶持的原则

无论是乡村工作先驱者梁漱溟、晏阳初，还是日本、中国台湾的社区营造的实践者，进入乡村的第一件事都是对乡村干部、管理人才的培训和教育，而不是风貌打造。乡村建设的主体是人，必须先育人，再育乡村。如今我国的乡村亟需专业的人才，需要政策性的引入人才并对人才予以扶持和教育，从而造就适合的乡村管理人才。

（二）关于乡村建设的技术路线建议

1 乡村规划的创新路线

（1）量力而行、适度规划

我国乡村数量多、分布广，条件千差万别。应根据每个乡村自身的特点适度规划，量力而行。在本课题的研究中，分类分别以乡村风貌的现状和距离城市的远近作为线索，就是希望每个乡村根据自身的发展情况和地理空间位置来选择建设规划的程度。在城边，已经趋于混杂的乡村就需要多规划；在偏远，又原汁原味的老村子就可以少规划。是否需要规划，规划多少，不是由管理者和设计者决定，而应由村子自身的特点和条件决定。

（2）微介入的渐进式规划

对于风貌整体较好的乡村，应采取微介入的方式，选取一两个点，或村子的局部进行改造和发展尝试，如果探索正确，便可以激发其他机体产生发展和更新的要求，从而不断带动整个乡村的发展。渐进式规划允许一定程度的试错，允许不断地探索重来。因此，渐进式规划需要比较长的磨合时间和效果检验。

（3）有机更新的规划方式

有机更新强调乡村的整体性和有机性，适合有了一定经济基础的乡村。通过对局部机体的调整、改造、功能补充来实现整个乡村的稳定发展。有机更新方式同样属于渐进式规划，需要一定的改造周期。

（4）多规合一的简明规划

乡村规划是综合性的规划，需要发展规划、修建规划、土地利用规划、环境保护、文物保护、林地与耕地保护、综合交通、水资源、文化与生态旅游资源多规合一。同时，又需要简明扼要，利于可持续执行。

（5）景观设计优先的规划方式

在课题组调研的许多乡村中，很多乡村房屋建设一般，但是道路整洁，环境优美，植物葱葱郁郁，小院精致宜人，同样呈现出美丽和谐的风貌。对于乡村建设，采取景观优先的规划方式，往往可以以很小的代价获得较大的收益，在好的景观环境氛围中，村民自发的改造建设行为也会变得规范与协调，配合总体的景观环境朝着良好的方向发展。

2 乡村宜居建筑的创新路线

（1）符合现代生活的创新

首先，宜居的乡村建筑一定要符合现代生活的需要。无论是传统建筑的改造，还是新建筑，都应提供舒适便利的生活环境，满足人们对于生活品质，行为习惯，室内环境，智能科技，绿色环保等各个方面的需求。特别是如何让已有的传统建筑改造成符合上述要求的新建筑，对于建筑师是一个创新的挑战。

（2）符合地域特点的创新

符合地域特点对于乡村建筑尤为重要。历史上的乡村里的民居、祠堂、寺庙、书院等建筑设计是长期以来当地人民智慧的结晶。顺应当地气候环

境，利用当地建筑材料，选择当地工匠建造技法，进行创新性的建设或改造

（3）符合文化传承的创新

建筑设计需要符合当地的文化传承，包括对原有物质文化的尊重和对非物质文化的传承，这种传承不仅仅是建筑上的，还包括对风土人情，民俗特征，生活习惯的理解而产生的创新设计，能否提供符合并利于甚至引导文化发展的设计。

（4）符合村民利益的创新

乡村建筑的使用主体是村民，因此乡村建筑最本质的要求是要符合村民的利益。因此，在建筑设计中站在村民立场的思考与村民参与非常重要。让村民参与到设计中来，通过设计师的专业配合，才能创造出符合村民利益的宜居建筑。

3 乡愁要素保护的创新路线

历史遗存是乡村风貌的重要组成部分，通过历史遗存的保护和发展，可以有效地恢复乡愁记忆，增加社区感情共识，有着事半功倍的效果。

（1）保护并活化有重要意义的历史遗存

对于乡村中的重要历史遗存，应该予以重视和保留。对于古树、古桥、古亭、古牌楼等景观要素不仅要保护，还应该尝试恢复其使用功能。在使用中不断地维持、维护和发展，从而实现重要历史遗存的活化。

（2）引入积极健康的历史文化标识标签

在我国台湾乡村调研过程中，印象颇为深刻的就是无处不在的小清新标识牌，涉及村民文化、生活生产的方方面面。通过这些小细节的设计，可以激发大家的情感共识，促进村民的感情融合，从而形成充满正能量的社区氛围。

（3）恢复路名、地名、门牌等，保持乡愁底线

对于已经完全突变的乡村和统建的新乡村，应该尽可能恢复和保持乡愁的最底线：保持或恢复道路名称、地名、门牌号码等承载着村民很多美好记忆的标识，至少还能让村民想得起过去，忆得起乡愁。

4 乡村培养规划管理人才的创新路线

（1）建立乡村规划师、乡村建筑师制度

乡村规划师、建筑师制度是确保每个乡村有专门的规划师、建筑师驻场，指导并不断完善规划建筑设计。该制度可以保障乡村设计的可持续性和完整性，但是对人力和资金也提出较高的要求，可以在经济文化发展较好的地区推行。

（2）建立乡村干部的辅导机制

乡村干部是直接面的乡村问题的一线工作者，对于乡村建设管理至关重要。乡村干部要掌握基本的乡土价值观，管理理念和工作方法，才能确保乡村风貌健康的发展。

（3）建立各级专业的乡村建设指导委员会

建立各级专业的乡村建设指导委员会，对乡村建设工作予以指导和帮扶，对建设成果予以评估及奖惩，实现专家库的意见和专业技术知识能够彻底深入民间。

（三）不同风貌乡村的不同对策

1 传统特色风貌乡村的建议

（1）健全保护法规和管理机构，形成帮扶机制

建立适用于传统乡村及其文化保护的法规制度，制定乡村保护的准则和奖惩制度，促进长效化保护管理，使传统乡村得以良性发展。

设立传统乡村保护建设管理和监管机构，搭建保护技术人员与村民的交流平台，对传统乡村保护修缮技术进行全面整理，对当地村落传统资源调查摸底。

建立多方参与的保护帮扶机制，理顺政府、企业和村民的关系，建立"传统乡村保护基金会"，鼓励、吸纳多种资本参与传统乡村乡土建筑的保护发展。

（2）促进传统乡村活态保护，平衡业态发展

传统乡村文化的价值，不仅体现在传统乡村的固态建筑上，更体现于

图5-5-1　江西婺源篁岭村"晒秋"活动

原住民活态的生产生活方式、风俗习惯、精神信仰、道德与价值取向观念
等多方面。因此，要重视对中国传统乡村中活态文化的保护，弘扬蕴含其
内的优秀与精华，把传统乡村的保护与文化有机结合起来，形成传统乡村
的人与文化都活起来的全新保护格局（图5-5-1）。

（3）规划设计重视保持传统乡村格局

规划设计注重村庄地域性与人文特点，保护修复村镇整体风貌，保护与
村镇密切相关的山形水势，分析视线通廊与山水呼应关系，避免突兀的建筑
物，保护修复街巷格局，按照传统尺度修复街巷空间（图5-5-2、图5-5-3）。

（4）创新传统建筑修缮更新方法

对传统建筑修缮更新和构造技术进行创新性研发，保护修复民居院落
和建筑物，保护传统建筑，继承发展传统空间形式与建筑形式，并结合生
态与乡土文化，创新适应现代生活的新乡土建筑（图5-5-4）。

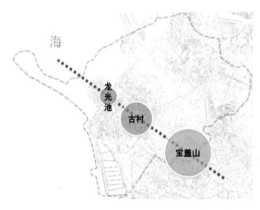

图5-5-2　福建晋江市塘东村村落格局图　　图5-5-3　塘东村"丁"字形街巷格局

图5-5-4　适应使用要求的"毛寺生态实验小学"

图5-5-5　浙江省遂昌县石炼镇车前村晒场

图5-5-6　西藏地区的水转经筒

（5）保持景观要素特色

保护并充分利用井、树木、桥等景观要素，保护戏台、水车、晒场等承载乡村文化的特色空间，充分利用空地和闲置地，增加文化空间，完善乡村的基本功能（图5-5-5、图5-5-6）。

2　旅游发展特色风貌乡村的建议

（1）重保护，反造假，保原真

具有旅游资源的乡村应注重控制，以保护为主、适度开发，结合本地情况，制定长远规划和政策方针，避免对传统乡村和建筑风貌的影响和破坏。传统文化遗存是旅游发展的基础，应加强对乡村传统街巷、民居建筑、传统景观元素、传统手工艺与文化习俗等全方位旅游资源的保护，避免假古董、异化风貌对乡愁原真性的破坏。

（2）提升传统建筑的旅游功能改造技术

传统民居应保持传统风貌，改善内部空间，以适应现代化生活的需要，在风貌保护的前提下，增加厨卫空间、完善水暖电等设施，改善老建筑的采光、通风，并与空调、热水器、炉灶等现代设施紧密结合，提高传统建筑的宜居性。

3 无明显特色的一般风貌乡村的建议

（1）引导乡村发展特色文化，推进社区营造

应当重视对当地历史及民俗文化的挖掘，注重运用特有的乡土文化，乡土生活方式和乡土民情来发展乡村，突出差异性与多元化[①]。

一是充分挖掘地方优秀传统文化，民俗风情和居民建筑文化，并逐项落实到新村的空间布局，景观规划，活动场所及建筑风格和功能设计之中。不仅重视有形的如古建筑，古遗址，今石雕刻，碑刻书画等文化遗产，还要注重无形的如诗歌、音乐、戏曲、民俗、风情的文化遗产。

二是要打造农耕文化，发展农耕文化旅游，着力挖掘农耕器具、戏曲、山歌、民俗风情等资源[②]，让游客亲身体验住农家屋、吃农家菜、干农家活等返璞归真，回归自然的乡村生活。

突出农民主体地位，调动农民参与积极性，在乡村中进行文化培养工作，让农民和他们的下一代了解到关于有机文化、乡村文化、乡村风貌等概念的内涵及重要性；接着成立相关组织，开展乡村风貌营造工作；最后配合乡村中的文化和空间营造，发展本村特色产业，并实现乡村文化凝聚力的提升。（如我国台湾宜兰后坤、郝堂村等。）

（2）规划强调有机更新，渐进式规划

对此类乡村的风貌整治宜采用渐进式改造模式。

1）梳理乡村道路，解决交通、救灾和停车的问题；

---

① 费盛忠. 关于优化江宁区美丽乡村示范区基础设施建设及管理的几点思考[J]. 改革与开放，2015,（21）.
② 林世南. 美丽乡村建设的思考与对策[A]. 中国武汉决策信息研究开发中心、《决策与信息》杂志社、北京大学经济管理学院. 决策论坛——系统科学在工程决策中的应用学术研讨会论文集（下）[C]. 中国武汉决策信息研究开发中心、《决策与信息》杂志社、北京大学经济管理学院. 2015:1.

2）利用部分房屋的拆迁，增加村庄公共活动空间，大力增加绿化，疏解呆板的规划结构，让村庄与田园、景观相融合；

3）利用集体公房的改造和扩建，教育推动养老设施建设，推动有地方风貌特色的新乡土建筑示范工作；

4）利用民宅的危改机遇，逐户逐街地进行风貌整治和引导，应注意保持一定的多样性。

（3）利用原有建筑、原址进行现代适应性改造和扩建

这一类乡村中大多数的房屋建筑建设年代比较久远，不能完全适应现代生活的需求，但其房屋依旧承载着历史记忆和乡愁。所以，针对原有建筑进行适应现代生活的改造，一方面既可以延续乡村的原有肌理和特点，另一方面也可以使之有创新发展的机会。

4 发展中的风貌混杂的乡村的建议

（1）完善乡村规划管理体系

建立区别于城市的乡村建设审批制度。一方面，对农民自主设计、自建农房加强专业指导，引导并把关；另一方面，鼓励专业设计队伍下乡，简化建设报批流程，放宽专业设计下乡的门槛，提倡乡村规划师制度，来向政府反映乡村居民的诉求。

（2）落实风貌管理与奖励制度

奖励那些为风貌和谐而放弃攀比情节的设计，鼓励那些为保护乡愁而立足原宅修复的设计，鼓励那些为公共空间而选择谦逊含蓄的设计，鼓励那些为尊重地缘而坚持本土立场的设计。

（3）风貌修复与多元风格并存策略，充分发挥文化的引导作用

这类乡村的风貌修复和整治不宜采用"大拆大建"或"外表化妆"的做法，这些不当的策略虽然见效快，但投入量大，不可持续，风貌也不真实，甚至可能会对真正有价值的老房子、老遗存造成破坏，失败案例很多。因此建议采用分类整治、循序渐进的方法，"保、修、改、引"并举（图5-5-7、图5-5-8）。具体措施如下：

1）保：切实保护具有乡愁价值的老房子、老街巷、老物件、老材料、

图5-5-7 广州市大田村将老祠堂翻新成村民日常运动健身的场所

图5-5-8 浙江省荻浦村将古戏台保留下载，作为村民日常举办会议、表演的公共客厅

老树木、老遗存，让它们成为村庄历史文化的载体，长久地保留下去，这是"保留乡愁"的主要措施；

2）修：主要对日渐衰败的老房子进行整修。这种修缮既不同于文保修缮那样的原真，也不仅仅解决安全和加固问题，更主要的是全面提升宜居性，能够满足原住村民的现代生活需求，甚至可以适合旅游接待的民宿功能；

3）改：对乡村集体所有的农业用房（作坊、仓库等），可以进行适当改建，成为村民社区活动、文化展示的场所；

4）引：对乡村中已存在的风貌混杂的新建民宅，采用积极引导的方式进行转化和调整。在不进行强制性大拆大改的前提下，对屋顶、围墙、门头进行少量改造，并利用色彩、材料和景观的手段，逐步达到应有的风貌协调效果。

5 统一建设的单一风貌乡村的建议

2012年，中央农村工作会议指出：农村建设应保持农村的特点，有利于农民生产生活，保持田园风光和良好生态环境。不能把城镇的居民小区照搬到农村去，赶农民上楼①。总的来说，应该尽量避免和减少统建的方式，特别是超大规模的统建。

---

① 2012年，中央农村工作会议。

（1）开放式的可持续规划

在新村建设过程中，加强自上而下的引导与自下而上的诉求的平衡。鼓励以村民为主体的方式，引导村民全程参与。同时，在规划设计过程中留有一定的余地，便于日后的局部调整和有机更新。

（2）合理配置产业资源，避免新村空置

在新村规划中，往往没有产业规划造成新的社区只是个住区，没有产业配套，村民只能外出打工，新建的乡村门可罗雀，无人居住。应积极发展生态农业，旅游产业等新型农村集体经济，多途径增加农民收入，有效保障新农村建设的资金供应。

例如，程家船村村庄规划中的用地与产业用途挂钩，构建了生态农业观光区、大棚观光区、花卉种植区及多个蔬菜种植区，有效提升了农民和村集体的经济收入，为新村建设提供了资金保障（图5-5-9）。

（3）新设计符合乡村生活习惯，风貌传承地域特征

新建乡村设计要充分借鉴传统村庄"街巷空间+公共空间"的空间肌理。按照原有伦理划分组团，尽量满足村民原有的生活环境和习惯。

根据当地的地理特征，对自然环境进行合理的改造与利用，尽可能保持原生状态的自然环境。山、水、田园、植被体系在村庄肌理中予以保护和利用。尽量不破坏原有山体的自然形态，不随便挖山、砍树、填塘，做到保护生态环境、乡愁要素和地方特色。

（4）提倡"安全核"概念，为单体建筑留有发展空间

新建乡村在进行建设时，可引入民宅"安全核"概念，将满足居民生

图5-5-9　成都市郫县三道堰镇汀沙生态农业园

活基本需求的建筑主体部分按照设计统一标准进行建设，确保其坚固安全。其他辅助生活设施，如辅助用房、庭院等供村民根据自己的需求和喜好进行自建。

（5）对于已经落成的新村，应重塑乡愁元素，增加个性元素

在公共空间注意传统的民俗元素的设计，体现传统地域文化，唤起村民的共鸣。在单体建筑中，通过对村庄的各项民俗文化进行恢复，组织村民打扮装饰自家的新居，如挂灯笼、贴对联等，在宣扬传统文化和习俗的同时增加自家的个性化元素，重塑村民的归属感，找回乡愁。

（四）小结

在管理方面，需要加强引导、教育、培育和扶持，通过调动乡村居民的自觉、自信、自立，从而实现乡村自发的良性发展，实现乡村自我的造血能力。同样，技术路线方面仍然以轻介入、微刺激、少干预的方式，通过小规模的更新与整治，实现乡村的自我调节，实现长效的容错、试错、修正的功能，渐进地发展，避免粗犷的大规模投资与快速建设造成的人性化缺失和不可逆失误。

六　城中村问题

城中村是指在我国城镇化过程中，由于城市不断扩张，乡村被城市包围的村落，通常与周围城市风貌存在较大反差，仍然保持原有乡村风貌和文化的区域。

（一）城中村现状风貌存在的问题

1　总体空间格局存在的问题

（1）城中村与城市风貌存在较大差异

城中村先于城市存在，后被城市所吞并，但是仍然保持了原有乡村的空间肌理、街道尺度、建筑高度、建筑色彩等，因此与城市风貌有较大的差别（图5-6-1、图5-6-2）。

图5-6-1　北京城中村与城市风貌对比　　图5-6-2　深圳城中村与城市风貌对比

（2）空间无序生长、缺乏整体性

城中村是在原乡村居民点基础上，无序规划建设生成的变异体，其内部私搭乱建现象严重，体量大小不一、高度参差不齐的建筑混杂在一起。空间变化无规律，肌理紧凑，缺乏系统性和整体性（图5-6-3、图5-6-4）。

图5-6-3　广州多个城中村边界对比

图5-6-4　广州城中村功能混杂

图5-6-5　广州城中村街道肌理

图5-6-6　深圳城中村小尺度街道

（3）街道尺度小、以步行交通为主

城中村延续了传统乡村的道路尺度和组织方式，因此街道尺度较小，以步行为主，网格机理也较为自由，尽端路、丁字路口、交错路口等现象较多，并不适应城市汽车通行（图5-6-5、图5-6-6）。

（4）违法建设、私搭乱建现象严重

城中村受城市影响巨大，大量的流动人口由于租金便宜等因素进入城中村，原村民为了获得经济效益，违法建造了大量私宅用于出租，由于不受城市规划和管理约束，私搭乱建现象也屡见不鲜。

2　建筑风貌存在的问题

（1）建筑密度高

城中村内建筑尺度较小，并且私搭乱建现象严重，使楼与楼的间距十分狭窄，很多建筑之间的间距不能满足消防需求。甚至部分城中村建筑密度高达70%，"贴面楼"、"牵手楼"、"一线天"等现象经常出现（图5-6-7）。

（2）建筑质量差

城中村内建筑年久失修，存在大量临时建筑、私自拆改建筑。这些建筑缺乏设计，没有考虑抗震、

图5-6-7　城中村违章建筑

防火要求，使用材料较差，施工时间短，缺少后续的维持和修缮，建筑质量较差（图5-6-8）。

（3）建筑风格混杂

城中村内的居住人口混杂，其建筑也受多种文化影响呈现多样性，有传统乡村风格民居、新建的现代风格建筑、外来人口带来的具有他乡地域特色的建筑、临时搭建的简易建筑，这些建筑风格差异大，加上无人管控，使城中村处于无规律混杂状态（图5-6-9）。

图5-6-8　破败的城中村建筑

图5-6-9　风格迥异的城中村建筑

（二）城中村风貌问题原因分析

1　经济因素

（1）土地开发和房屋租金收益对村民的刺激

"中国的村落与城市、市场的连接程度和方式，决定了村落很多的特

质"①。城中村被城市包围，与传统村落相比，城中村的土地价值具有明显的提高。拥有宅基地的村民为了最大化土地价值，创造了"一分地奇迹"，将建筑盖得越高、最大限度的占用公共道路，才能获得更多的收益。因此造成了城中村内，空间无序生长、建筑拥挤不堪、私搭乱建以及违法建设严重的现状。

（2）市场开发没有充分考虑农民利益

城中村在进行改造时，政府因成本高而难以独立启动开发项目，往往靠优惠政策吸引房地产资金投入。政府、地产商、村民的立场不同，政府希望的是市场和社会的稳定，开发商要求获得等多的收益，而村民则是要求最大限度补偿他们的经济损失，当村民的租金收益在开发中得不到保护时，产生自我维权的意识，这是城中村形成的经济原因。

2　文化因素

（1）文化的混搭造成了混杂的风貌

城中村是一种混搭的文化状态，既有其自身保留的传统乡村文化、社区邻里关系，也有外来寄居人群带来的同乡、同业形成的外来文化，还有受城市等其他当代文化的影响。多元文化混搭造成了居住习惯、生活方式、价值观和审美追求混合，表现在风貌上就形成了城中村建筑风格和空间肌理的混杂多变的现状。

（2）城中村中仍然保留了原有乡村的社会关系网络

城中村实在村庄基础上发展起来的，正如李培林所说"城中村的外部形态是以宅基地为基础的房屋建筑的聚集，实质是以血缘地缘等初级社会关系的凝结"②。地处城市中的城中村，虽然生活水平和生活方式已经城市化了，但原有的社会关系网络并没有发生断裂，仍是一个由血缘、情缘、地缘关系构成的互识社会。因此，不同于城市中的"街道社区"，这种在高密度空间中产生的邻里关心和利益共同体，让城中村凝聚成了一个"大家庭"，外界力量的无法强制干预这种联系，造成了城中村区别于城市的特殊风貌。

---

① 李培林，透视"城中村"——我研究"村落终结"的方法[J]. 思想战线. 2004（01）.

② 李培林，巨变：村落的终结——都市里的村庄研究[J]. 中国社会科学，2002（01）.

3 管理因素

（1）土地制度的原因

我国城乡分割的土地制度确定了城市土地的产权归国家所有，村落土地分为集体用地和宅基地。然而城中村土地权属复杂，国有土地、私有土地、村集体土地以及部分土地权属不明确的交错混在一起。由于土地权属的多样性，民居、商铺、产业建筑和政府统一建设的居民楼交错布置，在产权不明晰土地上村民大量私搭乱建临时建筑，这些现象共同造成了城中村空间上的无序。

（2）政府管理制度的原因

由于城中村治理难度大，涉及利益关系多，地方政府要么采取整体拆迁的商业开发模式，要么忽视城中村的管理。在城中村发展过程中管理制度的真空以及法规法治滞后和不健全，导致了城中村风貌的无序发展[①]。

4 技术因素

（1）没有适宜的解决城市流动人口和外来人口居住的方案

城中村和棚户区承载着70%流动人口的生活，目前城市里没有有效解决这些人群居住的方案，导致大量流动人口流向城中村的聚集，进而出现了城中村人口高密度、环境差、风貌无序的问题。

（2）缺乏保护和利用的文化意识

现行的城中村改造手法较单一，大都以商业开发为主，手法也尽是相对简单的推到新建各地都毫无特色的保障房。政府往往只看重城中村的土地价值，忽略了城中村的文化价值，城中村的乡村历史和空间特色缺乏传承和有效利用（图5-6-10、图5-6-11）。

---

① 何保利，经济快速发展地区城中村改造与管理问题研究[D]，西安：西安建筑科技大学，2010.

图5-6-10　广州保障房项目

图5-6-11　北京保障房项目

（三）保护和传承城中村文化的建议

1　乡村元素的保护和传承

城中村既蕴含丰富的乡村历史文化，在城中村的改造中，要保护和弘扬中华优秀传统文化、延续城市历史文脉、传承有特色的文化遗产。因此应对城中村中有价值的历史遗迹保护，对历史文化信息进行整理和宣传，鼓励和发扬有感情寄托的风俗民，保留能引起人共鸣的乡愁景观要素，使城中村成为营造城市特色的有机组成部分（图5-6-12、图5-6-13）。

图5-6-12　广州城中村改造保留的传统祠堂

图5-6-13　浙江奉化将传统集市打造成年货节

2　保护和发展文化多样性

宣扬积极向上的价值观、通过村规民约和丰富多彩的社区活动，融合多种文化，发展城中村独有的社区文化，利用自身的传统文化和空间特色，成为市民旅游、城市休闲的好去处（图5-6-14、图5-6-15）。

图5-6-14 城中村改造后建立的居民
活动中心

图5-6-15 浙江省金华市东阳市寀卢村
村规民约

（四）对城中村的建议

1 管理方面的对策（城乡融合的制度创新：城中村有机更新的管理办法）

（1）城中村管理纳入城市管理体系中

将城中村的建设、管理和规划纳入城市规划的体系中，使城中村真正融入城市，将其作为城市的一部分统筹考虑。增加城中村改造的可实施性，同时也使城中村改造与城市整体规划衔接起来，将城中村作为城市重要的织布空间统筹考虑其景观特色和城市休闲、旅游等功能，既要与城市整体相协调，又要突出自己的特色，保留城中村空间的有机和多元的特征，延续独特的历史文脉。

（2）城中村治理方法的转型与提升

鼓励村民有序参与城中村建设与管理，尊重村民对乡村发展决策的知情权、参与权、监督权，真正实现共治共管、共建共享的多方共赢。并且在城中村改造中，除了充分发挥政府的主导作用，以"小政府、大社会"的模式，明确分工，形成改造事物分类化治理、多元化合作的关系。

（3）坚持分类治理、因地制宜的城中村改造方法

城中村所处的地域不同、经济水平不同、发展情况不同，应采取的改造措施不同。因此，针对城中村改造，应坚持规划先行，分类指导的原则，与城市一起进行统筹规划，因地制宜的展开城中村改造方案设计。

（4）为村民拆迁后的生活提供健全的保障制度

城中村改造的过程，伴随着城中村村民变成城市市民身份的转变。在拆迁后，除了采取房地产权调换和货币补偿政策、将村民纳入城市社会养老、医疗保障体系以外，还需全面考虑村民经济来源的问题。因此，建议村民用房产入股胡方法，切身参与到城市开发的长久利益分配中。这样既可为村民提供长久的经济来源，又可以股东的身份对历史遗存和乡愁文化要素的保护起到监管的作用。

2　技术方面的对策

（1）对城中村进行价值评估，确定合理的改造模式

按照城中村改造中风貌保留与文化传承的程度不同，改造模式可分为保留乡愁记忆、保留重要乡愁元素、保留重要乡愁元素。保留乡愁记忆是底线要求，保留重要乡愁元素是基本要求，整体风貌有机更新是理想要求。三种模式有所差异，需要对城中村的历史文化、发展现状、发展前景以及村民意愿进行深入调研和综合评估，充分结合城市总体的发展需求、城中村自身的发展条件、村民的发展意愿等种种因素来确定改造模式。

1）保留乡愁记忆：村子风貌改变了，但保留了村子的名字作为地名，逢年过节村子里的人还能聚在一起，传承他们的传统的风俗、节庆和民间习俗，这是城中村改造的底线要求。因此，鼓励村民通过会、展、节、演活动的策划，来传承这些非物质的文化，延续城中村的历史和文化；

2）保留重要乡愁元素：城中村中那些留有祖先记忆的老房子、老树、古井都是居民记忆的载体，是他们的精神寄托。对于城中村有纪念价值的老房子、古井、古树、古桥等乡愁元素采用保护、修缮、移位的手段，进行重点保留，并且加以改造，作为城市公共空间重新利用；

3）整体风貌有机更新：对于有价值的片区或街道进行整体风貌保留，在此基础上有机更新，置换为文化街、特色商业等功能。通过保留城中村的物质风貌，留住乡愁，保存乡村的记忆。

（2）引入社会资源，与城市生活融合

避免城中村强拆的情况发生，建立城中村改造的市场化机制和双向多

元竞争的合作机制，引入社会资源，最大限度减少改造成本。要建立城市村庄共同体，既定程度上既保留了乡村风貌和文化，又融入了现代城市生活。

（3）在改造中突出城中村的地域性和独特性

城中村所处的地域不同，有不同的、区别于城市的独特风貌。在改造时，应充分尊重城中村的历史渊源，保持和突出城中村的风貌特色。对于城中村已不复原貌的有文化历史和纪念价值的老房子、构筑物、遗迹、植物等都应进行修复整理，恢复其原有状态，保持村庄市民生活的场所感。

七　村镇绿色建筑研究

（一）划分与界定

在城市，建立在高度专业分工的基础现代建筑，通过工业化、标准化的设计和建造手段，依赖密集的技术与资金投入，高效率地解决了建筑"适用、经济、美观"的基本需求。用现代建筑语言来表述，可将其解析为：结构安全性、功能便利性、技术与成本适应性、环境舒适性与形式美观性。在能源资源日渐短缺、生态环境日益恶化的今天，建筑还需要具备绿色、节能与低碳的属性。但是，对于我国广大村镇地区而言，建筑活动的基本条件与城市建设呈现出显著的区别：设计者、建造者、使用人、出资人、监理人、管理者等诸多角色往往被集中于一体，不能走高度专业分工、资金技术密集型的城市型道路。况且，村镇建筑还有很多基本问题亟待解决，距离绿色建筑的目标尚存较大差距。因此，本研究（村镇绿色建筑研究）主要针对广大村镇地区展开，尤其是那些地理位置远离城市、接近自然的村镇，现在和将来仍然为以农业生产为主要谋生手段的人口（生活已经城市化的农村户籍人口不考虑），建筑密度和容积率等控制指标与城市具有显著区别的村镇建筑类型。

（二）绿色建筑

绿色建筑的概念可以简单地概括为"四节一环保"，即在建筑的全生命期内，最大限度地节约资源（节能、节地、节水、节材）、保护环境、减少污染，为人们提供健康、适用、高效的使用空间，并可与自然和谐共生的建筑。绿色建筑概念的提出是因为近一百年来，房屋建筑存在以下几方面的问题。

（1）房屋建造无视千差万别的自然气候要素，而催生出来的被简化、被统一的标准设计状况；

（2）误认为资源供应无限大，而大肆以能源消耗为代价来维持舒适的室内环境；

（3）人们对建筑功能属性和短期经济效益的过分强调，而在设计、建造、管理、运行等方面目光如豆、忽视长期效益等。

总体而言，人们在建设活动中，在自然环境属性与长期效益方面不作为，加剧了全球性的能源与环境危机，绿色建筑的理念便就此应运而生。

针对城市建筑，我国建筑行业已经顺应绿色建筑大趋势，在功能技术方面积极尝试采取补救性措施，取得了一定的阶段性成果，包括著书、政策法规、评价体系等。但是，理性分析后发现，这些成果不但没有在设计理论层面解决建筑基础性的、根源性的问题，导致绿色建筑的研究重技术、轻理论，重设备、轻设计，重设计建造、轻运营管理，重评价、轻设计等现状；而且更无视村镇建筑在发展中所面临的特殊问题，导致村镇建筑的绿色化发展路线与思路不清，设计方法与技术措施盲目照搬城市建筑模式等错误，严重制约了村镇地区建筑的可持续发展。因此，村镇地区不仅要在建筑的全生命期概念下做到"四节一环保"，更应该采用区别于城市的方法、体系、理论，实行多元化的应对手段。

（三）村镇建筑基本现状

村镇建筑的基本现状表现为粗放、质量差、重量轻质、重形式轻性能。借用现行绿色建筑的基本指标，则可概括为：

（1）建筑能耗增速快、能源利用率低、浪费严重；

（2）建设用地利用粗放、房屋空置严重；

（3）人均用水量虽少，但增速迅猛；

（4）地方建材迅速退出，现代建材使用不合理；

（5）室内环境质量差、污染重；

（6）某些基本指标（结构安全性、功能的便利性、基本物理环境指标等）仍然无法保障等现象。

以银川市某处由政府统建的砖混结构村镇建筑为例，建筑在基本的功能分区、生活分室等方面都没有得到有效保障，建筑的基本设施条件、防火性能较差，老百姓在里面住的非常不满意，还不如原来的自建生土建筑，所以工程二期无法顺利进行。

（四）存在问题与分析

由于我国缺乏针对村镇绿色建筑的足够重视与深入研究，加之用城市建筑的思维、理论、建造技术、管理方法对待村镇建筑的现象和做法非常普遍，直接催生出村镇建筑的诸多问题。具体包括：

（1）村镇建筑的设计与建造体系没有得到充分的重视与专门研究，随着传统建造技艺的丢失，新的建造方法却没有被有效建立起来；

（2）城乡建筑的差异性没有得到充分的认识，村镇建筑设计粗放而随意；

（3）技术使用不合理，而且正在无序扩散；

（4）建设组织方式与目标错位——自上而下的村镇建设，多注重形式、却轻视功能、性能与经济性等问题；至于自下而上的村镇建设，则多注重实用性与经济性，轻视形式与性能指标；

（5）村镇绿色建筑的设计、分析、评价与管理手段不足；

（6）建筑基本性能和指标亟需大幅提高。

这些问题归根结底，都是因为现行（城市）的建筑技术、设计方法、指标体系等在村镇地区并不适宜，应用中也存在诸多障碍。毕竟两者在自然与社会环境、生活行为方式、材料与资源市场供应水平、设计与建造技术水平、技术指标控制、对传统与现代（传承与更新）的认知、人均资源消耗量与构成方式等方面均存在显著不同。当然，这也导致了村镇建筑不是缺乏管理、混乱无序，就是管理过度、张冠李戴而形象错乱的情况。城乡生产、生活方式的迥异，经济、技术、市场供应水平等因素的差异，对建筑，尤其是绿色建筑的需求就必然会大相径庭。

绿色建筑是一个阶段性概念，随着人们对环境的不同判断而出现了差异和具体要求。我国的建筑节能事业也是根据具体国情从50%、65%到70%逐年递增，分阶段实现既定目标、解决了不同的事情。从公平和现实角度看，村镇绿色建筑不应当承当与城市建筑相同的责任和义务，在指标和内容方面理应有区别，用城市绿色建筑的方法、指标评价村镇建筑，既不公平、也不合理。因为对于村镇建筑而言，最重要的是提供安全、便利、健康的空间，绿色、生态等高级阶段的概念只能在此基础之上得以实现，切不可舍本逐末。综合考虑现代建筑设计理论与方法在村镇地区的局限和应用障碍，以及现行绿色建筑设计与评价体系的不完善性等客观情况，村镇地区绿色建筑急需等到充分的重视与开展专门的研究。

（五）对策

基于以上论述，不难得出村镇建筑不同于城市建筑的结论。引用马斯洛需求理论（图5-7-1）深入研究，并结合建筑的基本特性，得出结论如下：对于村镇地区的建筑而言，最重要的是结构安全，其次是功能便利，接着是经济有效、环境舒适、形式美观，最后才是社会生态（图5-7-2）。先要解决的是生理需求，然后是心理需求，最后才是对社会的贡献。

基于以上分析，本研究提出关于村镇地区绿色建筑研究与发展的几个策略：

（1）针对村镇绿色建筑开展系统性的研究，明确其基本特点与设计目标；

（2）研究以绿色目标为导向，改变"功能和形式"单一目标，探索村

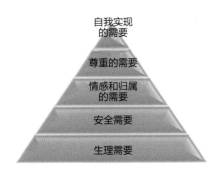

图5-7-1　马斯洛需求理论层级

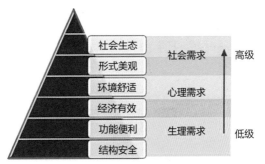

图5-7-2　村镇地区建筑需求的不同层级

镇绿色建筑的设计理论与方法；

（3）研究如何建立村镇绿色建筑评价体系与方法，并以最终建立、形成村镇绿色建筑基本理论、设计与评价方法为目标；

（4）研究适合村镇地区条件的建筑节能、节地、节水、节材以及建筑室内环境控制的技术与方法；

（5）加强村镇地区绿色建筑引导、推广与管理的力度；

（6）关注工程示范的重要性，推广在示范项目指导下的村民自建方式。

（六）调查与实践探索

在村镇绿色建筑研究方面，研究团队近年来开展了大量调查与实践工作。

首先是2008年汶川地震后的川西农村灾后重建项目（图5-7-3），充分使用当地材料。方案是由设计师、老百姓和地方政府三方共同确定；老百姓自主建设为主，在建设过程中建筑师和结构工程师给予了技术指导。为了实现结构安全，专门请结构工程师对木材和竹材做了技术加强处理。

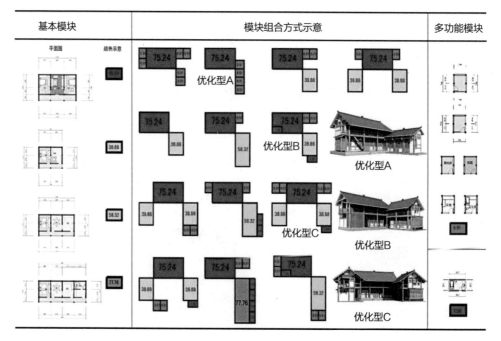

图5-7-3 川西农村灾后重建项目

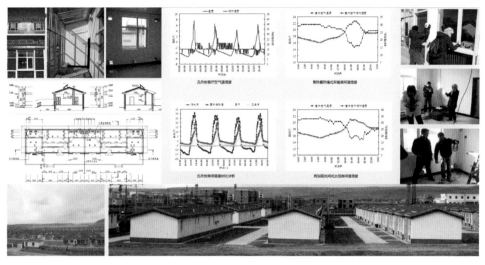

图5-7-4　青海省北部蒙古族、藏族牧区项目

　　其次是在青海省北部蒙古族、藏族牧区做的前期调研以及后期建设的工作，主要从室内冬季舒适性、地域风格等方面做了相关的探索与尝试（图5-7-4）。

　　最后是在秦岭山区做的一些生土改良建筑（图5-7-5）。左图是示范性房屋；右图是通过研究在传统生土建筑基础上做的结构性加强措施，并同时进行了生土材料比例的调整；中间则是老百姓在示范的基础上，自己创新出来的平顶房屋。这些建筑的墙体使用的都是生土材料，老百姓可以在其上贴瓷砖、刷涂料。这次实践在专业角度延续了生土材料的特性，满足了就地取材的要求，也满足了对新建筑形式的追求。

　　另外，还有为青海海东地区的一个回族村落做的民居建设，充分利用了西北地区最多的黄土资源。至于在黄山乡村地区做的调研，则是学生在村庄里面吃住了一个礼拜时间，充分和老百姓沟通，并在考虑绿色材料、

图5-7-5　秦岭山区生土改良建筑

技术与设计的基础上，最终提出了四个方案。前几年在银川市也做过一些新农村绿色建筑的建设，主要是探索了在外墙使用小麦和水稻秸秆作为可再生建筑材料，还设计了阳光间。2013年开始的吐鲁番调研，在此基础之上建造了一个充分应用当地材料、工法的示范项目，同时还结合乡村建设的方法，指导学生做了一些方案。在汶川地震之后，于四川西北部地区参与设计了羌族建筑，同步考虑了抗震需求和节能的可能性。

八　乡村文化复兴引导乡村建设实践

（一）黔西南州

1　区位背景

项目选址坐落在贵州省黔西南布依族苗族自治州首府兴义市，地处滇、桂、黔三省结合部，历来就是西南地区一个重要的商贸中心，素有"黔桂锁钥"之称。项目位于老城区东南，被马岭河大峡谷、万峰林、万峰湖三大景区包围。新区紧临万峰林机场，即将新建的晴兴高速延长线终点也位于新区范围内，是兴义与三大景区联系最紧密的城区，规划总面积约38平方公里，是兴义市目前保存最完整、开发价值最大的版块。

2　现状特色分析

（1）多元的民族文化

历史上该地区是一个移民区域，不同的习俗与文化汇集于这片土地，互相碰撞、相互吸收，形成兼容并蓄、多民族融合的文化特征。

兴义市具有多样的少数民族文化和浓郁的民俗风情，建筑、饮食、民俗、服饰、艺术上都有独特的表现形式。各民族分别有自身具有代表性的民俗活动如：布依族八音坐唱、苗族古歌、苗族芦笙舞、侗族大歌、侗锦、彝族火把节等。也有共同庆祝的节日活动如查白歌节等。

（2）典型的喀斯特地貌

项目所在地属于典型的喀斯特地貌区，以峡谷、峰丛、峰林以及发育其间的瀑布群、泉群等组合为主要特点。多元的少数民族文化在这里得到保存、共生，形成"大杂居、小聚居"的聚落形态，突显出"五里不同俗，十里不同风"的"千岛文化"特点，形成独特的喀斯特文化（图5-8-1）。

图5-8-1　万峰林新区喀斯特地貌

（3）温暖湿润的气候

兴义市气候属亚热带季风湿润气候区，冬无严寒，夏无酷夏。平均气温13.8～19.4℃；降雨集中在每年5～9月，6月最多。全年热量充足，雨量充沛，雨热同季，无霜期长，独特的气候对聚落形态和建筑形式有重要的影响作用。

（4）灵活的聚落选址

项目所在地乡村选址灵活多变，采取在山地区域依山而建，平原地区高密度、组团式发展的模式，形成鲜明的地域特征。

（5）丰富的聚落形态

项目所在地地形多样，道路环山盘水，自由蜿蜒、有机生长。整体村落形态顺应地势自然生长，村寨边界分隔明显。街巷走势随坡就势，建筑肌理排布自然、和谐。建筑密度高，尺度小，街道贴线率高，建筑高度层次丰富。

（6）通透的建筑形式

项目所在地建筑以干栏式为主，在独特的气候、地形、建筑材料的共同影响下，融合多民族建筑特色形成形式通透轻盈、朝向自由灵活、布局疏密有致的地域建筑文化。

（7）自由的田园景观

项目所在地田原肌理自由生动，村落及峰林镶嵌于田园之间，形成西南山区特有的八卦田风光。规划区内植物丰茂，田园植被多样，具有特色的田园种植包括：三角梅、油菜花、波斯菊、金色稻田、中草药田等。

（二）设计理念和设计

1 规划目标

蔓藤城新区（图5-8-2）规划试图将万峰林新区打造成为一个望得见山，看得见水，记得住乡愁，山水共享、蓝绿交融的田园城市典范。规划方案充分挖掘现状的山、水、乡愁资源，并在此基础上将现状特色充分利用。城市蔓生的过程，不是简单的自我空间复制，而是具有逻辑严密的生长法则。规划力图依山傍水而建并受其限制，街区划分不规则但大致相等，城市街道曲折而又连续，城市建筑形式一致而又富有变化。

图5-8-2　万峰林新区设计理念和景观意象

2 规划理念

理念一：城景共融，塑造山水城市格局（图5-8-3、图5-8-4）。

理念二：组团布局，传承聚落打造小镇（图5-8-5）。

理念三：功能混合，分组配套激发活力（图5-8-6、图5-8-7）

理念四：自由路网，路路有景慢行交通（图5-8-8）。

理念五：开发模式，小尺度高密度渐进（图5-8-9）。

理念六：田园都市，延续生态农业景观（图5-8-10）。

图5-8-3　万峰林新区总平面图

图5-8-4　万峰林新区整体鸟瞰图

图5-8-5　万峰林新区组团鸟瞰图

图5-8-6　万峰林新区商业区

图5-8-7　万峰林新区产业区

图5-8-8　万峰林新区街道效果图

图5-8-9　万峰林新区组团鸟瞰图

图5-8-10　万峰林新区组团立面图

（三）文化与风貌对策

1　保持自然的生态基底

（1）低冲击的开发模式

规划尽量保持原有自然基底，借用规划区内原有的山、水、田园、村庄。各组团间穿插保留成片农田和现状林地，建设用地选择低冲击开发区域。尽量不用生态敏感较强、存在地质灾害隐患的地段，力求对小限度的破坏生态系统和规划区内原有的景观结构。

（2）借山留田的景观塑造手法

引山入城，将外围山体背景引入城区，俯瞰美丽田园，也为望山提供条件。留田为景，建立独有农田景观系统，作为城市的大景观。巧于借景，引马岭河峡谷、万峰林、特色村落入城。采用自然的形态，用景观把组团包起来。通过对自然元素的原位利用，构建"山、水、城、景、田"五位一体的城市格局。打造城景相融的"山水长卷"，强调人与自然共生的大生态格局，让城市融入大生态格局（图5-8-11、图5-8-12）。

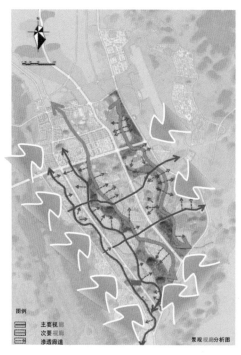

图5-8-11 万峰林新区景观廊道分析图

图5-8-12 万峰林山体与叶片关系图

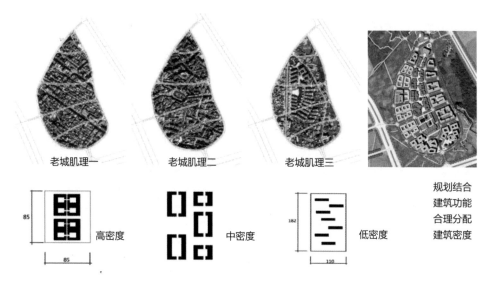

图5-8-13 万峰林新区肌理及建筑密度溯源

2 传承地域的空间特色

（1）延续传统聚落的尺度和肌理规划结合场地条件，延续场地原有疏密有致、松散自由、尺度宜人的地域空间肌理，创造更具特色的城市形象（图5-8-13）。

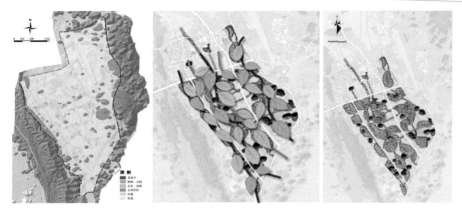

图5-8-14　万峰林新区综合现状与叶片分布

（2）活跃灵动的叶片组团

规划整体空间延续城市发展脉络有机生长，塑造以叶片为组团母题的独特形态，依托现状村庄轮廓，延续原有村庄肌理，以10～40公顷规模为基本用地单元，采用蔓藤城市的理念，打造24个生长于田园之中的特色组团。

24个特色组团散布在绿色田野间，自成系统，独立运转，探索"田园——都市"相融合的新型城镇发展模式。最大边界欣赏最有价值的山水田园资源，打造生长于这片土地之上的"蔓藤城市"。

（3）依山就势的道路系统

规划整体道路延续原有乡村道路的特征和基础，系统采用自由式布局，依山就势、路随山转。在新区已建设的慢行道路的基础上，塑造慢行网络，并配置休息服务设施。慢行网络连接各个组团，注重不同空间与景观的体验。

（4）有机更新的建设手法

规划叶片依据原有村庄的位置和规模而建，延续乡村原有的空间肌理，尽量保留具有文化传承作用的乡愁元素，每个叶片按照村组、山体、水系命名。

3　传统建筑的传承与更新

（1）建筑组群关系的传承

根据兴义地方特色，主要从黔西南传统民居建筑，传统村落空间中提炼建筑的组群关系，探索村民的居住和交往习惯，用以指导新建筑空间关系的设计（表5-8-1、图5-8-15、图5-8-16、图5-8-17、图5-8-18）。

建筑组群关系		表5-8-1
聚落形式特征	小分散、大杂居、功能混合 依山傍水，顺应地形 单中心或多中心片状布局	
聚落空间特征	小尺度街巷与公共空间 大型中央公共空间功能与尺度 有机分布小型公共空间功能与尺度	

图5-8-15　兴义地区现状建筑院落关系

图5-8-16　兴义地区现状建筑组群关系

图5-8-17　万峰林新区规划建筑院落关系

图5-8-18　万峰林新区规划建筑组群关系

（2）传统建筑元素的应用（表5-8-2、图5-8-19）

传统建筑元素		表5-8-2
建筑结构特征	穿斗式木构架干栏式或半干栏式	
建筑空间组织	向心式、围合院落式、半围合式行列式、自由组合式	
建筑材质 建筑色彩	木材、石材、青瓦 灰、白、原木色、褐色	
建筑装饰样式	坡屋顶、雕花门窗、外廊、吊柱	

图5-8-19　万峰林新区规划建筑中传统材质、色彩和符号的应用

4　乡愁元素的保护与利用

（1）乡愁元素的调研与统计

万峰林新区内乡愁元素主要包含建筑、古树、古井、公共空间，对其位置、现存的状态进行详尽的调研，对每个叶片内乡愁元素的保留情况进行统计和记录（图5-8-20）。

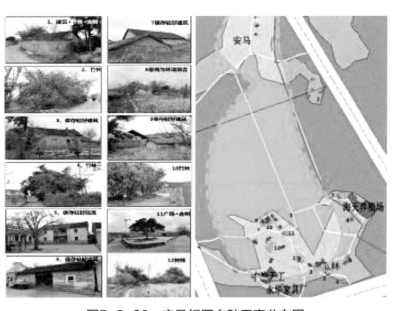

图5-8-20　安马组团乡愁元素分布图

（2）乡愁元素的保护策略

传统建筑的保留策略规划依据建筑自身保留价值、周边环境等因素，分为单独建筑、群组建筑、临街建筑和成片建筑群四种情况。单独建筑保留模式：保留状况好的老房屋，独立成为景观或者建筑组团的核心或者成为组团的一部分（图5-8-21）。

保留建筑成为景观 　　保留建筑成为建筑组团核心 　　保留建筑成为组团一部分

图5-8-21　单独保留建筑保留模式

3~5个建筑组群的保留方式：仅保留建筑质量较好的零散老房屋进行改造、通过老建筑改造和新建筑织布形成新的城市空间（图5-8-22）。

仅对保留建筑进行改造 　　　对保留建筑进行改造及织布新建筑

图5-8-22　几个建筑形成的建筑组群的保留模式

整条街的保留方式：每个村中保留1~2片成组的老屋，作为重点保护改造，打造体现乡愁街区，其他散落分布老屋拆除（图5-8-23）。

图5-8-23　整条街的保留方式

建筑群成片保留：最大限度保留村寨原来风貌与肌理，规划路网让路村落重新调整，只拆除少量与规划方案冲突的老房屋（图5-8-24）。

图5-8-24　建筑群的保留方式

（3）乡愁元素的保护策略

规划中每个叶片的名称按照村组、山体、水系命名，留有地区特有的记忆。规划根据叶片的功能和现状价值，对规划区内文物古迹、古树、古井、吃糖、树林和公共空间提出以下保护策略文物古迹：必须保留，规划范围内已知有一处张口洞古人类文化遗址，为省级历史文物保护单位。

古树：必须保留，结合开放系统规划打造具有乡村记忆的开放空间。

古井：必须保留，结合景观设计改造成具有传统记忆的景观小品。

池塘：尽量保留，结合景观设计整体打造区域内的水系和岸线。

树林：尽量保留，维持规划区内原有的生态系统。

公共空间：尽量保留，或者在规划中打造相同意境和尺度的空间。

5　传统习俗的再现

（1）文化要素提取

规划新区作为兴义市的南门户，应在城市建设中充分融入黔西南州丰富的民族文化素材，作为民族风情的展示平台，形成独特的风貌意向。项目所在地历史文化丰富多彩，提取传统文化中的精粹，结合现代设计手法，在规划中设置具有地域特色的文化设施和文化活动，体现兴义地方文化风采。

（2）民俗艺术特色提取（图5-8-25）

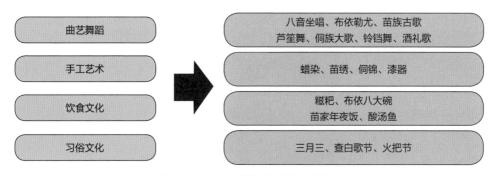

图5-8-25　民俗艺术特色提取

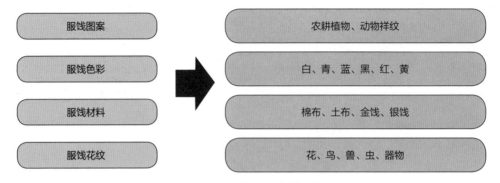

图5-8-26 文化元素符号提取

（3）文化元素符号提取（图5-8-26）

（4）文化设施与活动策划（表5-8-3）

文化设施与活动策划内容　　　　　　　　　　　　　　　表5-8-3

购物	观光	娱乐	文化
• 精品苗绣蜡染展示体验工坊 • 苗银艺术创作与展示销售 • 少数民族乐器展卖 • 黔西南特产展销 • 国际高端商业街 • 精品户外用品	• 生态苗寨 • 布依人家 • 侗寨风情园 • 彝族民俗村 • 老字号一条街 • 生态农业观光采摘园 • 薰衣草花园 • 红酒庄园 • 珍惜中草药种植展示园 • 八卦田	• 查白歌节庆典 • 苗家过大年 • 芦笙舞会 • 板凳舞表演 • 苗族跳花节 • 彝族火把节 • 打糍粑大赛 • 高台舞狮会演 • 八音坐唱演出 • 少数民族赶集会 • 森林氧吧spa • 田园自行车 • 中医药养生馆	• 艺术家文化创意岛 • 农耕单物馆 • 喀斯特地貌单物馆 • 非物质文化艺术展演馆 • 民俗表演节庆广场 • 少数民族民俗单物馆

交通	餐饮	住宿
• 田园漫步道 • 自行车道 • 马驴骡畜力体验车 • 清洁能源公共交通	• 苗家精品餐饮 • 布依农家乐 • 苗家年夜饭 • 布依八大碗 • 少数民族小吃文化街 • 民族风情酒吧街 • 田园野餐营地 • 药膳养生私房	• 喀斯特风情野奢度假酒店 • 少数民族民俗精品酒店 • 传统民居民宿型驿站酒店 • 房车露营地 • 星级酒店 • 酒店公寓

（四）文化引导下的昆山阳澄湖文博园规划与西浜村昆曲学校 设计

昆山阳澄湖文博园项目在昆山市西部，离市区约20公里，规划面积100公顷，毗邻阳澄湖与傀儡湖，自然环境良好，水资源丰富、现存大量农田林地。基地内的文化资源丰富，产业以阳澄湖大闸蟹养殖、售卖为主，其余还有旅游附属产业。

西浜村昆曲学校作为阳澄湖文博园最开始的启动项目，利用西浜村4座废弃的民宅加以新建和改造，为村里的小孩开展昆曲培训。建筑设计传承了江南水乡粉墙灰瓦的建筑风貌，采用现代建筑手法配合乡土材料，营造出"玉山雅集""读书舍"的意境，复兴西浜村中的昆曲文化，最终旨在影响乡村建筑风貌由内而外发生改变。

1 阳澄湖地区绰墩乡村文化基因挖掘

阳澄湖乡村保留了大量的传统文化、风俗习俗、历史故事。这些文化基因的研究发掘应当作为乡村规划的第一步工作，系统的研究影响乡村生产生活的文化因子，再依据这些文化因子进行乡村规划与建筑设计。

图5-8-27　昆山阳澄湖文博园卫星图

图5-8-28　绰墩遗址古河道、水稻田与出土瓷器

（图片来源：《昆山绰墩遗址》苏州市考古研究所）

（1）绰墩遗址

绰墩遗址位于阳澄湖南部绰墩村内，距今约6500年，是发掘文化序列非常完整的史前文化遗址。在已发掘的内容中，良渚文化祭坛、良渚房址与古河道、黄幡绰墓、马家浜稻田和种子都具有较高的展示价值（图5-8-28）。

（2）玉山雅集诗词文化与玉山佳处

玉山雅集是由元末名士顾阿瑛主持，上百个文人艺术家参与的文化创作沙龙，其内容收录了品攒、勾勒玉山佳处的二十四景的诗句。据文献记载，玉山二十四佳处位置在"界溪顾阿瑛旧宅之西"[①]，可以推断玉山雅集的活动范围在绰墩乡村、阳澄湖区域。

玉山佳处内二十四景分别以该处独特的意境命名。以碧梧翠竹堂为核心；前院为钓月轩、芝云堂、可诗斋、读书舍；后有小蓬莱、小东山；山脚下为春草池、柳塘春；玉山佳处内水系丰富，小溪萦绕，其间坐落渔庄、书画舫、浣花馆等景点；以及散落在核心区域周边的书画舫、雪巢、柳塘春、金粟影、淡香亭。整个玉山二十四佳处内山、水、亭、林、轩、楼、馆散落布置，远处宽广秀丽的山峰衬托了溪水旁成片的桃花林，呈现出没有喧嚣、附庸风雅的情景。

① 杨镰，顾瑛与玉山雅集[J]，西南民族大学学报，2008（9）.

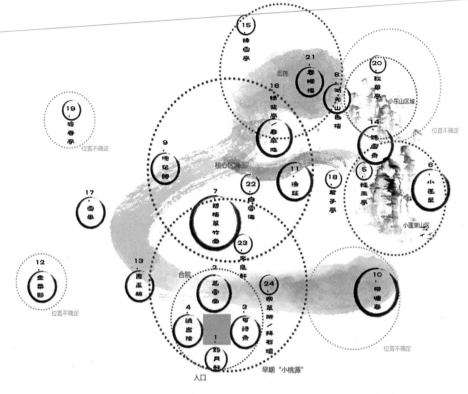

图5-8-29　玉山二十四佳处空间推断

　　玉山雅集诗词和玉山二十四佳处是昆山阳澄湖区域的重要文化基因，对阳澄湖区域文化传承、昆曲的传承，都有着重大的意义（图5-8-29）。

　　（3）昆曲与绰墩乡村（图5-8-30）

　　昆曲是我国重要的非物质文化遗产，发源于昆山绰墩乡村。从昆曲的历史渊源来看，昆曲最早被黄幡绰带到绰墩乡村，成为乡村中的风俗民俗；直到元末，这种风俗影响了顾坚、顾瑛，他们在举办了玉山雅集，才使这种曲调在绰墩乡村传承发展，出现了"昆山腔"；后有昆山人魏良辅和梁辰鱼，在昆山腔的基础上，创造了昆曲与昆剧，使昆曲艺术走向全国，发扬光大。至今，绰墩乡村里的老人仍会听昆曲、唱昆剧（图5-8-31）。

　　现代的昆曲变成政府出资、少数人关注，仅有专业团队参与演出，昆曲作为一种乡音、乡村中传承的风俗民俗的文化氛围不复存在。所以，应当让昆曲回归本乡本土，以昆曲引导绰墩乡村发展，带动乡村旅游、经济发展，体现昆曲的文化价值。这种文化的传承与纯商品化的文化消费不同，

黄幡绰	顾坚、顾瑛	魏良辅	梁辰鱼	绰墩村村民
宫廷戏曲	昆山腔	昆曲	昆剧	乡村风俗
· 唐玄宗开元宝年间宫廷乐师，他将戏曲带到了绰墩乡村。 · 昆山腔的源头是唐代黄幡绰，他死后葬于绰墩。	· 顾坚、顾瑛在阳澄湖区域展开玉山雅集，形成了"昆山腔"。 · "昆山腔"，是一种当地方言土语和民间语调结合后的曲调。	· 明代苏州昆山人 · 对唱腔和伴奏乐器进行了改革，形成了"昆曲"。	· 世代居住在昆山，昆曲改造成昆剧，推向了全国。 · 取材西施的故事，写出了《浣纱济记传奇》。	· 如今村里老人会听会唱昆曲。 · 每年朝会时，会邀请戏班到村子里表演昆曲。

图5-8-30 昆曲的发展历史与绰墩乡村

图5-8-31 昆山亭林园昆曲《牡丹亭》实景版演出

昆曲文化根植于乡村的风俗民俗，它更为真实、高雅，能在保持乡村田园生态的前提下，提升绰墩乡村的整体品质。

（4）绰墩乡村中的文化传承

1）江南水乡格局与临水而居的生活方式绰墩乡村包含了三个自然村——鲁灶浜、东浜村、西浜村，村中的房子沿河道布置，河道两旁的主街承载了村民的日常生活。村民从家门口的河埠头搭乘小船，便可去河道中捕虾捕鱼、采摘菱角。村民们仍保留了在河埠头上洗衣服、洗菜的习惯，中午一家人吃饭时会把河边的石凳作为餐桌，一边吃饭一边和划船的老乡聊天（图5-8-32）。

图5-8-32　绰墩村村民在水边捕鱼、收菱角、洗衣服、打水的场景

2）白墙灰瓦的建筑风貌

绰墩村里的房子大多是20世纪80年代盖的，有的最近翻修过，还有少数新建的房屋。旧房屋大多为2层，一般在主楼的西南角会有一层小平房，作为厨房和杂物间使用，都继承了江南水乡白墙灰瓦的风貌（图5-3-33、图5-3-34）。

3）风俗民俗

绰墩乡村中保留了大量的风俗民俗。清明节用糯米做的青团子祭祖；

图5-3-33　绰墩村河道两旁的小路和二层民居

图5-3-34　白墙灰瓦的建筑形态

图5-8-35　每年庙会上在简易的棚子下观看戏曲的村民

（图片来源：台湾大学建筑与城乡研究发展基金会）

图5-8-36　朝会上祭拜祖先的供桌

图5-8-37　村口明清时期修建的广灵桥

图5-8-38　村民重新修建的金粟庵

端午节将艾草、菖蒲、大蒜用红绳绑在门前来辟邪和驱蚊。最值得一提的是每年的农历三月初八，绰墩村民都会聚集到金粟庵开展朝会，并且在旁边搭建舞台，除了祭拜神明，还会邀请唱戏班到村里表演戏曲（图5-8-35、图5-8-36）。

4）古树、古桥、古庵

相传村口的银杏树为顾瑛亲手所种，旁边有一座明清时期石头堆砌的广灵桥，至今被绰墩村民使用。广灵桥对面的金粟庵原本是玉山二十四佳处之一，后来被村民重新翻建，用于供奉着土地公和观音（图5-8-37、图5-8-38）。

2　昆曲、诗词文化传承引导的昆山阳澄湖文博园规划（图5-8-39）

在此背景下，受昆山城市建设投资发展公司委托，为昆山城市打造一个集生态、绿色、文化、休闲娱乐为一体的阳澄湖文博园。基于文化基因挖掘，我们提出了若干问题。是否要开挖多条河道？是否一定要迁移村庄？是否要一次性建设大量酒店，占那么多农田？是否一定要"打造"文化？

基于这几个问题与对已有方案的批判性思考，我们提出一种不同于传统的规划思路，以昆曲、诗词文化传承引导昆山阳澄湖区域乡村复兴，保持村庄肌理与文化特质，用最轻、最本土的方法进行阳澄湖文博园的规划与建筑设计。

图5-8-39　FRC总图（甲方提供）

（资料来源：昆山市城市建设投资发展公司）

（1）轻微介入——保持原有农田、村庄肌理、遗址现场的微介入

我们提出规划的总原则是最大限度的保留原有农田，且村庄不拆不搬迁，在此基础上重新梳理文博园内部道路，设计电瓶车系统。并沿湖滨路和巷头港、沿新城路，设计了自行车专用车道和人行跑步步道（图5-8-40）。

图5-8-40　阳澄湖文博园陆路交通规划图

　　在面对已经重新埋回的绰墩遗址时，我们的态度是有必要重新开挖，向人们展示绰墩的文化与历史。为此设计了轻质、简便的现场遗址展示大棚，重新开挖古房址、水田、古井等，配合现在存放在昆山市文物局里绰墩遗址的陶瓷标本，做一些现场修复的工作（图5-8-41、图5-8-42）。

　　（2）昆曲传承——以村民为传承主体，复兴昆曲文化建立昆曲学校

　　昆曲可以说是村民与绰墩这片土地之间感情的纽带，以昆曲为主题，开展绰墩村社区活动，可以引起更多村里人的共鸣。因此，由台湾大学建筑与城乡研究发展基金会教授陈育贞老师为主，在绰墩乡村中以村民为主体展开了昆曲文化氛围重塑的工作，分享昆曲文化故事、组织参与式规划，培养村民参与村中事务的能力（图5-8-43、图5-8-44）。

图5-8-41　绰墩遗址现场大棚建筑意向图

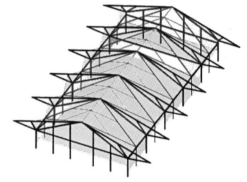

图5-8-42　遗址大鹏钢、竹混合结构轴侧图

图5-8-43　老人在一起回忆绰墩山听昆曲唱戏的场景

图5-8-44　制作绰墩村大比例模型，与村民探讨需改点的空间节点

（图片来源：台湾大学建筑与城乡研究发展基金会）

此外，为了更好地开展昆曲文化教育工作，引发乡村特色风貌形成，作为阳澄湖文博园启动项目，我们设计了西浜村昆曲学校。选择了西浜村四座民宅，用最本土、低技术、生态的建筑方法加以改造，周末向绰墩乡村里以及周围乡村的小朋友开展昆曲兴趣辅导班，平时可以作为村民公共活动的场所（图5-8-45）。

（3）诗情画意——提取玉山雅集诗句的意境，再现二十四佳处空间格局与意境（图5-8-46）

唐飞诗人王昌龄在《诗格》提出，诗词有三境：物境、情境、意境，物

图5-8-45　昆曲学校沿河效果图

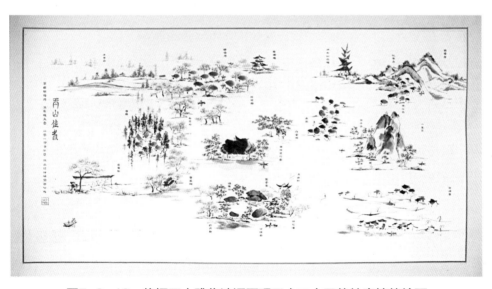

图5-8-46　依据玉山雅集诗词再现玉山二十四佳处意境的绘画

境为客观事物，情境为主观情感，而意境是利用想象将主客观景物、情感融合到一体的境界。诗词三境学说是一种分析古代诗词的方法。本文所述的昆山阳澄湖文博园规划，就是基于诗词三境学说，对诗词文化创新传承的过程。

通过对昆山阳澄湖地区乡村文化基因的挖掘，发现玉山雅集诗词文化对阳澄湖区域文化传承的具有重要意义。并用诗词三境学说，对于玉山雅集中描述玉山二十四佳处景色的诗词进行物境与情境分析，然后提取其中画意，利用国画的方法抽象，对诗词意境抽象的再现。最终结合现在阳澄湖文博园基地条件与二十四佳处的方位，重新排布了玉山二十四佳处的位置，并赋予每处景色现代的功能和建筑意境表达方式。

规划选定了读书舍作为昆曲学校；浣花馆、柳塘春、渔庄、听雪斋、雪巢五处为"雅居"区域内的主题酒店；碧梧翠竹堂为文博园内最大的昆曲剧场，营造整体区域的昆曲氛围；将金粟影、绛雪亭与花关系密切的景处设计成主题公园，对游人和村民开放；结合基地内部现有的生态采摘园安置澹香亭、白云海，提供游客休憩的空间；其余佳处分别设定成瞭望塔、水上码头、观湖平台、村民活动场、绿地景观，分别散布在文博园沿湖泊、河道处（图5-8-47、图5-8-48）。

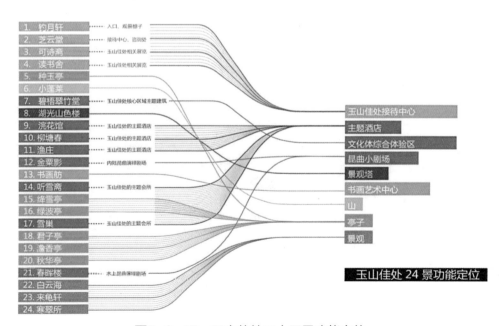

图5-8-47　玉山佳处二十四景功能定位

图5-8-48　玉山二十四佳处最终规划
布局

图5-8-49　阳澄湖文博园水路交通规
划图

（4）水乡曲荡——水乡特色的昆曲体验区

规划重新梳理阳澄湖区域纵横的水路，对现有河道进行适当增加与拓宽，恢复江南水乡水系四通八达的水网。并设计现代的水上戏船，让村里会唱昆曲的人乘着小船在水路上表演昆曲，形成水乡特色的昆曲体验区。这样农家乐、餐饮也会自觉围绕着昆曲表演或文化历史这条线索去发展，吸引外来社会资源引入到绰墩乡村建设中，进而带动乡村各个方面均衡发展，由内而外引发乡村特色风貌的形成（图5-8-49）。

3　西浜村昆曲学校设计

（1）选址研究

昆曲学校位于阳澄湖流域西浜的西南角，选择了4套已经空置的院落，占地面积约1400平方米。项目充分尊重原有村落肌理，保持了原来的院落格局和水陆关系，实现了对村落肌理的重构与梳理，使昆曲学校能够融合在西浜村肌理之中（图5-8-50、图5-8-51）。

（2）昆曲学校功能设置

依据昆曲学校课程功能需求分别进行改造与重塑。最北侧院子保留原有民房的墙体和空间结构，改造为学生宿舍、厨房和食堂。保持原有民房

图5-8-50　西浜村4座民宅院子现状

图5-8-51　西浜村昆曲学校总平面图

的肌理，在靠近河岸一侧设计了室内舞蹈教室、音乐教室、多功能厅，活动室、办公室、传达室则安置在离村落较近的一侧。每座院子内均可提供学生在室外练习步法和踠子功的空间。

核心的昆曲舞台被安置在西边沿河一侧，舞台共两层，首层为沿河表演，二层即可用于昆曲表演。游客可乘船在水上欣赏昆曲，学生、老师可在河对岸的平台上指导观摩（图5-8-52）。

（3）依据"读书舍"诗词的昆曲学校意境塑造

依据规划，昆曲学校空间意境塑造参考玉山佳处"读书舍"的诗词。诗词中描绘读书舍是临水藏书小舍，屋前有高大的竹林、屋后有开满荷花的水渠，整个建筑水气相同，环境优雅安静。

因此在昆曲学校的设计中，按照"读书舍"的意境提取，加以现代元素。通过竹廊概念的强化，竹园概念的强化，形成廊、园的有机结合和立体构成。阵阵昆曲声、读书声从建筑内部传来。这些元素环环相扣，来组合重新演绎"读书舍"意境（图5-8-53）。

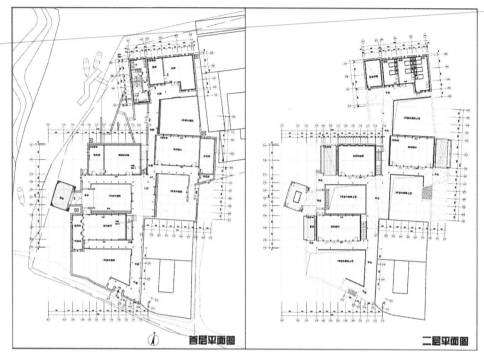

图5-8-52　西浜村昆曲学校平面图

图5-8-53　沿河岸鸟瞰

（4）江南水乡风貌

西浜昆曲学社的设计保持了传统江南水乡的风貌，采用白墙灰瓦灰柱的色彩与原有民房的尺度而又有所创新，使之在整个在村落中的造型谦和、

图5-8-54　沿河岸看高高低低白墙与昆曲开嗓子场所

统一。白墙沿着原有四个院子外围连续布置，高度根据功能需要分别作为院墙、建筑外墙。用工字钢压顶的方式，抽象的继承江南水乡白墙黛瓦的方式，墙体高低错落，墙上有韵律的出现花墙窗洞和方形窗户（图5-8-54）。

（5）空间与尺度

在四座民房之间设计了连接的竹廊，沿着竹廊设置了一条空间序列，使人醉着清风、水汽在建筑内部游走。竹廊的设计参考昆曲《牡丹亭》音律，以80毫米为最小单位，分为80~480毫米六个等级。昆曲的音律高，则竹子间距大，反之则变小。竹墙的疏密在一定范围内变化，隐隐约约透出背后学生们在廊子上活动、在舞蹈教室练身段、在多功能厅排练的情景（图5-8-55）。

乡村的尺度如何与昆曲演出功能结合，并且时时刻刻呈现在建筑空间中是设计的关键点。我们将昆曲的功能打散分布在建筑沿河一侧，每个功能空间的尺度都相对小巧，让建筑外部的人、游走在竹廊内部的人产生一种未见其人，但闻其声的效果，留下一个念想，吸引人走到内部看个究竟。

图5-8-55　入口—竹廊—竹园—竹亭—沿河码头，最后豁然开朗的空间序列

图5-8-56　昆曲沿河竹戏台

图5-8-57　庭院内昆曲小戏台

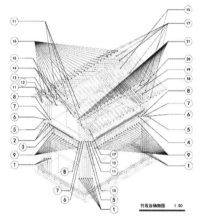

戏台竹子统计表

编号	长度（mm）	直径（mm）	数量（根）
1	3100	80	7（根）×4（组）=28
2	200	80	6（根）×4（组）=24
3	3200	80	2
4	4600	80	1
5	3300	80	4
6	2300	80	2（根）×4（组）=8
7	2400	80	2（根）×4（组）=8
8	2500	80	2（根）×4（组）=8
9	450	60	15（根）×2（组）+21（根）=51
10	2450	80	2（根）×2（组）=4
11	1300	80	14（根）×2（组）=28
12	1000	80	2
13	1200	80	2（根）×4（组）=8
14	1100	80	3（根）×2（组）=6
15	2100	80	4
16	3200	80	24
17	7100	80	7
18	3050	60	4
19	650	80	4
20	1500	80	4
21	3800	80	24

竹戏台轴测图 1:50

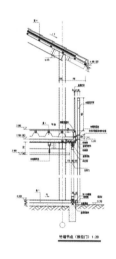

竹墙节点（推拉门）1:20

图5-8-58　竹戏台设计与竹墙节点设计

设计了两个昆曲舞台一个对外、一个对内，还特意设计了一个水边开嗓子的场所，在建筑西北侧临水一面（图5-8-56、图5-8-57）。

（6）技术与创新

为了降低造价，尽量采用当地价格便宜，技术适用的材料和构造方法。设计希望以最少的人力、物力、财力，达到与现有西浜村建筑风貌统一。旨在便于施工和传授给当地村民，在村中起到很好的示范作用（图5-8-58）。从而采取了以下措施：

1）收集旧砖来砌筑外墙；

2）轻钢结构体系；

3）竹子、茅草、金属瓦等本土生态材料的运用；

4）低造价、低成本建筑技术的采用。

（五）砖文化引导下的祝家甸村整治实践

图5-8-59　祝家甸村卫星图

祝家甸村位于江苏省昆山市，处于昆山南部水乡区域，隶属锦溪镇，距离锦溪古镇旅游区仅3公里，距离周庄仅5公里，距同里10公里，距上海、昆山、苏州均不到10公里，环境优美、交通便利。历史上，祝家甸村曾经是金砖的制作加工地，有着悠久的烧砖文化和历史（图5-8-59）。但近年来，随着城市化不断地发展，村民大多不再烧砖，而是选择去周边城市或外地打工，有的晚上还回到村里，有的已经在城里定居，村庄日渐凋零，村庄中已经有不少空置和破落的房屋。为了振兴和恢复村庄，使其继续传承原本的文化与风貌特色，一期工程将村子口废弃的旧砖厂加以改造，利用有限的资金建设一座小的砖窑博物馆，用以回味和发扬祝家甸村烧砖的历史，通过小博物馆的植入，增加村子的凝聚力与文化脉络，通过一个很小的项目启动村镇的文化与凝聚力的复兴。二期工程则在砖窑对岸的空地上延续东侧祝甸村的肌理，形成一组主题酒店及商业街，为前来参观的游客提供更周到的服务，并且单体院落的组织模式可以作为范例进行推广。

1　祝家甸村窑砖烧制业文化

锦溪古窑众多，以前分布广泛，很多古窑曾经存在的地方，比如南塘桥南、丽泽桥旁、十眼桥北、兽医站西、中湖新村等，都是古窑集中处。至今锦溪镇地名中还有"窑后头""窑场地"等，可见锦溪镇古窑之多；朱浜、祝家甸过去一直被称"窑乡"。但是由于一系列历史等原因，很多古窑都已经消失，而祝家甸村的古窑遗址则成了江南地区仅存的一处保存完整的砖窑遗址。1962年，祝甸等一些窑业生产基础较好的生产队，利用原有的旧窑墩，逐步改建轮窑，烧制出质量上乘的青砖、红砖、蝴蝶瓦和石灰（图5-8-60）。

图5-8-60　祝家甸村现今生产的青砖

（1）古窑遗址

祝家甸古窑的历史最早可以追溯到1868年，经过代代相传，风风雨雨，迄今已经100多年历史。古窑生产最兴旺最发达的时代是民国初期，当时祝家甸村的古窑发展到乌窑28座，白窑4座。而由于历史社会发展等种种原因，祝家甸古窑一部分由于年久损修、不能生产而被淘汰。如今能够保存完好依旧能够生产的古窑共有10座，并且都是乌窑。该古窑址群被列为省级文物保护单位（图5-8-61）。

（2）窑砖烧制业文化

锦溪自古就流传着"三十六座桥，七十二只窑"的民谚，锦溪早在西汉时期就开始了砖瓦的制造。当时的锦溪人认识到了锦溪泥土的价值，并掌握了砖瓦烧制的最原始工艺。宋朝时期，砖瓦烧制技术已经达到了成熟的地步，从烧制方法到砖窑管理均于《营造法式》中有清晰的记载。并且于此时期，锦溪砖瓦业一直沿用至今的生产模式——主要依靠家庭作坊或

图5-8-61　古窑遗址群现状

数户合伙烧制砖瓦为主已经基本形成。明清时期，江南成为烧制砖瓦的主要地区之一。自运河开凿以来，"机户出资，机工出力"的新雇佣关系以及"香山帮匠人"，间接地促进了江南烧结砖瓦业的发展。此外，明代永乐年间，明成祖迁都北京，大兴土木修建紫禁城。古城苏州东北的陆墓余窑村，因其土质优良，做工考究，所产砖细腻坚硬，"敲之有声，断之无孔"，被永乐皇帝朱棣赐名御窑，并在苏州附近专门设厂烧制金砖。而官营的陆墓镇御窑，成为烧结砖瓦的主导，出现了精细典雅的"苏派砖雕"和价值连城的"金砖"①。

除了古窑，在新中国成立之后，祝家甸村也新增了烧砖厂——滇西砖瓦二厂。其一为村庄入口的"中国霍夫曼窑"②，由于其窑主的离开现处于荒废状态。

此外，祝家甸烧砖的泥土来源于祝家甸周边的土地。最开始，祝家甸古窑址群区地势很高，但是由于常年烧砖用土，使得古窑址群的地坪高度已经与村庄居住空间地坪高度一致了，局部已经形成了较大的洼陷（图5-8-62、图5-8-63），促使村庄呈现了独特的地理环境特点。

图5-8-62 滇西砖瓦二厂立面实景照片

图5-8-63 砖瓦厂底层空间实景照片

---

① 烧制金砖规格为二尺二、二尺、一尺七见方，一式两份，一份作为备用，并在烧制过程中专门设置建监造官员，同地方官员和窑户一道必须在金砖上盖上戳印以明确责任。用金砖铺成的地面，具有光润耐磨、愈擦愈亮、不滑不湿等特点，既可防止地下潮气上升，又能把官殿衬托得更加恢宏富丽。

② "中国霍夫曼窑"，即轮窑（本文简称砖窑），是德国人弗里德里希·霍夫曼（Friedrich Edward Hoffmann）注册于1858年的专利（Hoffmann Continuous Kiln）。在19世纪末、20世纪初传入中国之后，百余年来产生了丰富多彩的变体。它既不同于城市里的（大机器）工业建筑，也明显区别于乡村中的传统手工业作坊。中国乡土工业建筑的代表，近年来由于受到"隧道窑"的冲击，绝大多数难免于被拆。

（3）窑砖烧制业文化作为策略主导要素形成的村庄社会关系纽带

1）窑砖祭拜仪式

祝家甸村的窑神祭拜仪式在每年的农历七月十二日与九月十五日各举行一次。每次村中都要举行盛大的仪式，届时村里人要抬着两位窑神的神像（图5-8-64）舞着龙在村中游行，以祭奠两位神祇。这一祭拜仪式自古时延续至今。据当地人解释，七月十二日主要是以祭祀的方式，祈求窑神帮助稻田除虫，保护农户们的稻作收成。而九月十五日，据传是窑神的生日，其祭奠仪式较前者更为隆重，其祭祀活动除了全村游行以外，还要家家宰羊，并将宰杀好的羊捆绑在庙中的横梁上，祭放一夜后再取回。每年两次主要的祭祀仪式，全村人不论种田还是烧窑的人家都必须参加。

除了上述的集体活动，在村民的日常生活中，祭拜活动也是生活的重要组成部分，期主要体现在婚嫁丧娶、各个重要的传统节日的祭拜行为上。相比之前，烧窑人家则在一个新窑盘成以后，家里负责烧窑的大师傅与二师傅要到庙里大小太太神像前摆上猪头、杀好的鸡，点上香、蜡烛，放着鞭炮，拜三拜。此外，对于烧窑业，每一次开窑前亦要进行祭拜。祭拜的时候，要求男性四指并拢，虎口张开，双手撑地祭拜，意指男性要双手撑住地，踏踏实实干活养家；女性则是双手掌心朝上行跪拜礼，意指女性在家管钱，好好理财。

2）窑神祭拜仪式在村庄发展历史上的作用

窑神祭祀仪式在某种程度上从社会组织的角度解决了这一问题，主要体现于以下两个方面：

一是促进了行业形成地缘联盟，利于窑砖烧制业的蓬勃发展。具有强大道德力的窑神在其成为被祭拜的对象的时候，同时也成为这一行业领域共同的信仰基础，广大的祭拜者赋予了他强大的精神力量，能够在思想观念及情感层面将这一

图5-8-64　祠庙中供奉的窑神

行业中人紧密地团结在一起。隆重而又频繁的祭拜仪式，不断增强着这一行业的凝聚力，窑神所具有的道德力在各种膜拜仪式中内化为信众个体的自觉行为，使陶瓷制瓷业的行业规范进一步神圣化，使行业内部群体之间，行业各个组织结构之间，及行业与其他行业之间形成稳定而协调的良好关系，窑神的宗教信仰及祭祀仪式发挥着重要的社会整合功能，使这一具有共同信仰的杂姓群体在共同利益基础上形成了紧密的行业与地缘联盟（李雪艳，2014）。

此外，每年两次共同的出行仪式，在行为层面增强了该地区活动的一致性。由于出行活动牵涉该村的家家户户，因此为了出行的顺利进行，便必须对于出行活动进行合理的计划与安排，并形成行之有效的组织机构与各家各户皆要遵守的组织制度，这一有效的组织制度与组织机构的形成，增强了该地区行为层面的一致性及活动的高效性；此外，宗教信仰与出行仪式，既保持着这一地区男女之间、不同生产活动之间的内部平衡，又增强了该地区的凝聚力、号召力与统一活动组织的高效性，在思想层面及社会组织层面既保护该地区井然有序的劳动、生活状态，又建立起增强抵御外族侵犯的组织结构与制度，从而在意识形态领域统一了村民的思想，增强了该地区不同家庭之间的社会凝聚力。

3）现今窑神祭拜仪式的纽带作用

祝家甸村每年的祭拜仪式均会安排不同的舞龙舞狮以及昆曲、苏剧等表演活动，是村庄一年两度的重大民俗节日。前者的表演主要在村庄街巷空间进行，而后者因为需要相对安静的环境则在供奉窑神的庙旁边的写有"为人民服务"字样的大礼堂内部进行相应的表演活动。每逢此时，村庄中的即使是已经外迁的村民，也会回到村庄中进行祭拜以及与原来的邻居互相问候，进行团聚[①]。

可以说，该祭拜活动为村庄仍保留的社会关系纽带起到了很大的缔结作用。

---

① 在调研过程中，据仍在村庄中居住的村民口述，其周围即使已经举家搬走的村民，也会在窑神祭拜的时候回到村庄中参加祭拜仪式及庆祝活动，并且与原来熟悉的邻居嘘寒问暖，沟通感情。

2 砖文化引导下的"乡村复兴"

祝家甸村庄的"乡村复兴"策略，是一种以其传统手工业文化——窑砖烧制业文化作为主导要素的文化手段对村庄进行的小规模地系统性复兴实践，主要从村庄的社会关系、村庄经济以及聚落空间环境三个主要方面展开，通过与传统手工业文化相关的文化事件、文化产业策划以及文化地标和文化区建设四个途径对村庄进行全面改善。这些实践是一系列事件、手段持续作用的过程，并且需要在发展过程中给予调整（图5-8-65）。

（1）乡村社会复兴

祝家甸村窑砖烧制业的发展历史整理过程，可以唤起村民共同的历史记忆并增加村民交流以达到社区关系的改善的目的。虽然窑砖烧制业发展历史悠久，但迄今并没有一部比较系统的关于祝家甸村该产业的历史记录，这也是该产业不能得到广泛宣传的原因之一。然而，村庄中大部分村民曾经祖辈上都经营过该产业 。因此，通过对于村庄中村民进行挨家挨户的家谱整理以及口述记录整理出一部属于祝家甸村自己的窑砖烧制业发展史，并且在此过程中，将大家聚集起来，讲述关于村庄与该产业有关的历史[①]，从而唤起大家对于该地区历史文化的共同回忆，成为社区关系改善的主要策略。

该策略主要围绕村庄中的老年人、一部分中年人以及窑户展开。作为

图5-8-65 水中远眺祝家甸村

---

① 在调研过程中，从村民口述中，总结了最能引起大家共鸣的4点内容：a）土窑的兴衰过程；b）历史上从事烧窑业的窑户家庭及发展情况；c）窑砖烧制业的盘窑及烧窑工匠的记载；d）历史上祝家甸村产出的砖瓦种类等。因此，围绕该4点内容进行该活动，在一定程度上可以让大家滔滔不绝并且相互交流。

现居村庄的主要村民，他们都拥有在村庄几十年的居住历史，对于村庄的发展历史较为了解，有着共同的历史记忆。此外，以上三种人群具有可以展开交谈的时间，则是另外一个重要因素。老年人基本不从事体力劳动，大部分时间在村庄中进行简单的日常生活或者与其他人进行结伴交流。一部分在村庄边上工厂打工的中年人也具有相对多的自由时间可以参与到此活动中来。烧砖的窑户则其烧砖过程中大部分的时间也是空闲无事的。

（2）乡村经济复兴

祝家甸村所处的长三角地带，有苏州、杭州及上海三大文化城市为核心的"文化圈"，为祝家甸的围绕该文化的创意产业发展提供了良好的资源以及发展环境。其中，上海作为国际化都市，是中外文化鲜明碰撞之地，也因此成了传统文化发挥其自身价值最好的平台。此外，苏州、杭州等具有大量从事与艺术相关职业的艺术爱好者、艺术家、工匠等，也同样是苏派砖雕等砖瓦文化的发源地。加之这些城市的房屋租赁价格高且人口密度大，这些艺术工作者对于较大工作空间以及低租金的需求难以满足等特点，都为祝家甸创意产业的发展提供了人才后备以及销售市场。因此，围绕砖瓦文化的创意产业打造，通过本村村民对于该产业的回归以及吸引以上述城市为主的周边地区相关的创意产业从事者的入驻，来达到激活本地经济的目的是村庄经济复兴的主要策略之一。

此外，休闲度假旅游的广阔发展空间为祝家甸村庄经济复兴提供了良好的发展机遇。祝家甸村处于以上海、苏州为核心的旅游带中，同时也是锦溪古镇旅游风景区与周庄、同里风景区的链接点，村庄的古窑文化以及良好的江南水乡风景均成了发展休闲度假产业的良好条件。

（3）乡村聚落空间复兴

文化场所和地标是体现一个地区文化特色的物质载体。旗舰类项目对于城市风貌改善具有示范效应，有利于促进文化旅游的发展，推动地区经济。其特点是造价相对偏高，但影响广，效果显著，能够刺激一个地区的复兴。本策略主要通过窑砖文化展览馆、祝家甸村砖窑遗址公园及砖雕艺术交流中心三个文化地标的策划，分别对荒废的砖瓦厂、古窑遗址区及荒废地块1-a中的特色空间进行功能置换以及适应性再利用，并同时发挥文化地标对于地区经济及社会关系的推动以及改善作用，形成村庄文化认同。

之所以选择以上三处作为文化旗舰项目的空间利用对象，主要出于以下两方面原因：一是上述空间是构成村庄意象图的重要标志性元素以及区域，形成了村民共同的场所认同（place identity），反映了该村庄独特的场所精神。二是，以上三处均在村庄空间上起到重要作用。村口的砖瓦厂是村庄整体空间天际线的重要构成部分，村庄的古窑遗址公园构成了村庄独特的空间特点，而荒废地块1-a中带有古窑遗址的且临淀山湖的空间，则是村庄人文与地理双重特点的反应，其同时还紧邻村民日常性活动的区域，与村庄的其他空间具有场所以及行为上的双重联系。

因此，通过对这三个地块优势的利用以场所精神的响应，为文化事件及文化产业的发展起到促进作用。

3 砖窑改造设计

（1）项目选址

祝家甸村砖窑位于祝家甸村西头村子入口的地方，北侧临水，西侧有新修道路。窑体部分保持良好，上面的棚架及周边棚架比较破落。故对上部棚架进行改造。基准标高将采用窑体上部清理干净后，搭建后的地板完成面高度作为基准标高（±标高）。改造项目利用既有建筑作为基座，将其屋顶拆除，在其内部植入新的结构体系。一期结构体系为轻钢结构，具有安全性和稳定性。并且在结构体系的钢梁上铺回原来的瓦。二期与一期砖窑博物馆隔水相望（图5-8-66）。

（2）功能设置

将祝家甸村的村庄发展史，烧砖历史以及现有的贸易发展进行梳理，形成文史资料，在砖文化体验馆里进行展览。靠近烟囱一侧为烧砖工艺体验馆，中央为村史展览馆，北侧为休闲服务中心，可用于大规模的会议等活动。在窑体下方临湖一侧设置玻璃盒子，供会议、咖啡等用途，也可以作为制陶的教室使用。此外，村民和游客也可以通过窑体下方进入砖窑，近距离感受窑体内部空间（图5-8-67）。

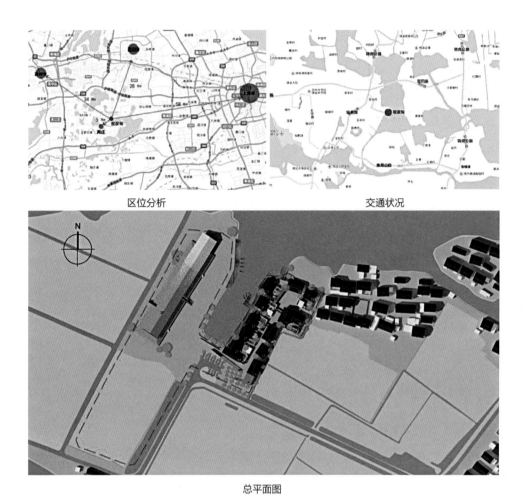

区位分析　　　　　　　　　　　　交通状况

总平面图

图5-8-66　规划设计图

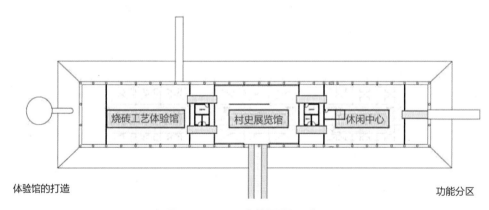

体验馆的打造　　　　　　　　　　　　　　　　功能分区

图5-8-67　功能设置及分区

（3）改造的态度与手法

1）保持乡情的记忆

作为一个建筑改造项目，新与旧的关系是设计的关键。如何在保留、展现旧建筑和文化信息的同时，使新的部分也展现出价值是思考的重点。新的空间元素应该符合乡村的气息，融入乡村的氛围，单据不是对原有地域符号的简单照搬。改造后的建筑也有新的使用功能，且与周边环境建立更为紧密的联系。

对于砖窑外部，在村口、村子的方向上基本上保持原来的形象，不做调整，只是在入口、楼梯等位置做一些安全方面的加固和处理。保留砖窑的整体维护结构，在楼梯之上加钢梁，材料依旧保持原来的材料，新加的材料尽量使用轻质、简洁或者透明的材质，使之能够很快的融入原来的设计当中。室内保留了三品老旧的钢梁，以保留对原有的砖窑的记忆。南侧山墙修建，借鉴了当地的花砖砌法，并加以改良，建构了一个富于视觉感染力的镂空山墙（图5-8-68）。

2）自然延续的生长

项目东北向的长白荡，风景秀美，气象万千，是本工程旁边最佳的景观资源。砖窑博物馆面向这一边，采取了延伸和生长的态势制造了伸向水岸的平台，提供亲水宜人的休闲空间，也成为室内咖啡厅的延续和拓展。

建成效果

室内效果

图5-8-68 改造完成后效果

图5-8-69　建成照片

窑体下部增设玻璃盒子，供咖啡，上课等使用，身处其中可切身感受到周围的自然环境（图5-8-69）。

3）亲和生态的内部

对于砖窑博物馆大体量的内部空间，我们希望尽可能利用原有空间的独特性，根据新功能对室内空间进行了重组，对其进行了三个空间的分隔，利用可移动的竹木家具，来营造灵活的多功能空间，也使展览流线串通流畅。

砖窑博物馆内部采用生态竹木、轻钢、土瓦等材料，在光斑陆离的屋内打造放松、自然、宁静的室内氛围，使得整个场所让人能够静下来，慢慢地欣赏展陈，耐心地学习造砖文化、静静地品味咖啡香茗。

4）简单平易的技术

砖窑博物馆设计了地道风系统，利用原来窑体内冬暖夏凉的空气，作为屋内温度调节的系统。建筑材料均采用当地生产的砖瓦，与老民房保持一致，建造方法也与老房子基本相同，简单易行，同时这些材料的应用也兼具了祝甸村传统烧砖文化的展示功能。建筑结构使用轻钢框架体系，对维护结构进行加固和支撑，保护内部环境的安全稳定。

对于室内照明，在窑体下部我们选择了瓦数较低的led灯带，可以同时满足照亮结构和窑体的需要，最大限度地减少灯光的亮度，避免眩光，又用特定的视觉元素串联起了一个个同的空间，让人在室内感受到与建筑的亲近感。

附表1 课题组调研村镇及归类列表

分类1/2	传统特色	旅游特色	一般无特色	混杂发展	统建风貌
城中村	北京市朝阳区高碑店村、广东省中山市南区沙涌村、广东省佛山市南海区桂城街道茶基村、广东省佛山大沥镇联滘村、广东省深圳市龙岗区布吉街道南岭村、广东省深圳市龙岗区坂田街道南坑村	—	河北省张家口市宣化区春光乡观后村、河北省张家口市宣化区侯家庙乡老虎坟村	北京市朝阳区高井村、河北省张家口市宣化区春光乡万字会村、河北省张家口市宣化区侯家庙乡后慢岭村	—
城市边缘	上海市浦东区沔青村、广东省佛山市南海区西樵镇松塘村、上海市闵行区彭渡村	上海市闵行区革新村、上海市松江区下塘村、上海市宝山区东南弄村、福建省泉州市丰泽区东海社区蟳埔村、广东省东莞市茶山镇超朗村牛过蓢古村落、广东省东莞市石排镇塘尾村、广东省东莞市下辖村南社村	北京市通州区小堡村、江苏省昆山市阳澄湖绰墩村、东西浜村	北京市通州区宋庄镇、广东省广州市白云区江高镇大田村	北京市通州区大营村、四川成都郫县唐昌战旗村、北京市通州区皇木厂村
近郊村	江苏省苏州市杨湾村、江苏省苏州市陆巷村、江苏省苏州市翁巷村	上海市青浦区朱家角古镇、江苏省昆山市锦溪古镇、江苏省江阴市周庄镇	江苏省昆山市祝家甸村	广东省广州市番禺区大龙街道新水坑村、广东省广州市番禺区大龙街道旧水坑村	四川省成都市双流永安白果村、山东省邹平市楼子张村

分类1/2	传统特色	旅游特色	一般无特色	混杂发展	统建风貌
远郊村	北京市门头沟区雁翅镇苇子水村、福建省漳州市平和县下石村、福建省泉州市永春县岵山镇铺下村、福建省泉州市永春县岵山镇塘溪村、北京市黑龙关村、北京门头沟杜家庄村、福建漳州市平和县小溪镇楼仔村、福建漳州市平和县芦溪镇芦丰村、福建龙岩市连城县莒溪镇壁洲村、福建龙岩市连城县四堡乡务阁村、福建龙岩市连城县四堡乡中南村	北京门头沟斋堂镇灵水村、北京门头沟斋堂镇黄玲西村、北京门头沟斋堂镇爨底下村、北京水峪村、北京门头沟洪水口村、福建龙岩市新罗区万安镇竹贯村、福建龙岩市连城县宣和乡培田村	北京市平谷区老泉口村、北京市平谷区麻子峪村、山东省邹平市北台村、福建省漳州市南靖县梧宅村	山东省邹平市魏桥镇、山东省邹平市临池镇、山东省滨州市傅兴县兴福镇、山东省滨州市傅兴县清水镇洪水口村、福建泉州市永春县岵山镇茂霞村、浙江省桐庐县环溪村、浙江省桐庐县荻浦村、浙江省桐庐县深澳村	北京市平谷区东四道岭村、北京市平谷区张家台村、北京市平谷区玻璃台村、北京市平谷区挂甲峪村、河北省石家庄市西柏坡小镇

附表2　现行相关政策规范关于乡村文化和风貌的规定

	关于乡村风貌		关于乡村文化	
	历史、传统村落	一般村庄	历史、传统文化	当前乡村文化
中央工作会议	2014年抓紧把有历史文化等价值的传统村落和民居列入保护名录。 2014年《关于切实加强中国传统村落保护的指导意见》保护村落的传统选址、格局、风貌以及自然和田园景观等整体空间形态与环境；文物古迹、历史建筑、传统民居等传统建筑，古路桥涵垣、古井塘树藤等历史环境要素	2013年要保留村庄原始风貌，慎砍树、不填湖、少拆房，尽可能在原有村庄形态上改善居民生活条件。 2014年加快编制村庄规划，推行以奖促治政策。 2015年"农房建设管理要求"的思路：最基本内容是农房位置、层数和风格，有条件的村庄可制定农房建设区域、安全、高度和色彩等规定	2013年要保护和弘扬传统优秀文化，延续历史文脉 2014年《关于切实加强中国传统村落保护的指导意见》保护非物质文化遗产以及与其相关的实物和场所；同时合理利用文化遗产，挖掘社会、情感价值	2013年城镇建设要依托现有山水脉络等独特风光，让城镇融入大自然，让居民望得见山、看得见水、记得住乡愁
国家法律	2004年《中华人民共和国宪法》中提出保护名胜古迹、珍贵文物及重要历史文化遗产； 2007年的《中华人民共和国文物保护法》划分出历史文化遗产明确的保护对象分类； 2008年《历史文化名城名镇名村保护条例》，保持和延续其传统格局和历史风貌，维护历史文化遗产的真实性和完整性	2008年《城乡规划法》2005年《土地法》2002年《草原法》2000年《渔业法》与1998年《森林法》中，提出了保护耕地、森林、草原与渔业资源等自然资源，强调了构成自然景观的要素，也强调了保护自然资源的重要性	2004年《保护非物质文化遗产公约》在第十届全国人大常委会获得通过并批准中国加入。国内尚无保护历史文化的专项法律	无
行业规范	2013年《历史文化名城名镇名村保护规划编制要求》（试行）。 2013年《传统村落保护发展规划编制基本要求（试行）》	1999年《风景名胜区规划规范》与2012年《全国特色景观旅游名镇（村）示范导则》中，强调了自然景观与村镇的密切关系。 2013年《村庄整治规划编制办法》中提出了针对自然资源划定保护区的规定	《历史文化名城名镇名村保护规划编制要求》提出延续传统文化、保护非物质文化遗产的规划措施	无

	关于乡村风貌		关于乡村文化	
	历史、传统村落	一般村庄	历史、传统文化	当前乡村文化
地方规定	各地方标准中的历史文化遗产保护内容差异较大，其侧重点不同：6个地方标准与导则在编制村庄规划时，提出保护村庄选址格局与整体风貌，占27%；16个地方标准与导则注重保护与利用传统风貌建筑，占72.7%；7个地方标准与导则注重保护历史环境要素，占31.8%	多数地方标准及导则中保护自然景观的整体格局，如划定独立的保护区；保护植被的生态性与景观性，倡导保护地形地貌的自然状态；对自然景观易发生灾害的地段与易引发危害的生产生活方式采取预防措施；减少人类建设活动对自然景观干预与破坏；村庄规划建设，强调在自然景观和生态环境背景下进行引导与塑造	9个地方标准与导则注重保护非物质文化，占40.9%	仅有2个地方标准提出乡土风气或乡土文化概念： 江苏：保护村庄自然肌理，突出乡村风情。四川：突出地域特色，传承乡土文化
导则及评价体系	传统村落评价认定指标体系（试行）中国历史文化名镇（名村）评价指标体系	全国特色景观旅游名镇（村）认定标准（试行）	中国历史文化名镇（名村）评价指标体系	无